Claude Maillot · Gehirn und Rückenmark

Claude Maillot

Gehirn und Rückenmark

Ein Atlas der makroskopischen Anatomie
des Zentralnervensystems

Mit einem Geleitwort von Prof. Dr. Jean Georges Koritké

J.F. Bergmann Verlag München

Dr. Claude Maillot
Chef de Travaux
Anatomisches Institut der Louis-Pasteur-Universität
4, rue Kirschleger
F-67085 Strasbourg CEDEX

ISBN-13:978-3-642-80514-1   e-ISBN-13:978-3-642-80513-4
DOI: 10.1007/978-3-642-80513-4

CIP-Kurztitelaufnahme der Deutschen Bibliothek:

Maillot, Claude: Gehirn und Rückenmark:
e. Atlas d. makroskop. Anatomie d. Zentralnervensystems/Claude Maillot.
Mit e. Geleitw. von Jean Georges Koritké. –
München: J.F. Bergmann
New York; Heidelberg; Berlin; Tokyo: Springer 1986.

Das Werk ist urheberrechtlich geschützt. Die dadurch begründeten Rechte, insbesondere die der Übersetzung, des Nachdrucks, der Entnahme von Abbildungen, der Funksendung, der Wiedergabe auf photomechanischem oder ähnlichem Wege und der Speicherung in Datenverarbeitungsanlagen, bleiben, auch bei nur auszugsweiser Verwertung, vorbehalten.
Die Vergütungsansprüche des § 54, Abs. 2 UrhG werden durch die „Verwertungsgesellschaft Wort", München, wahrgenommen.
© J.F. Bergmann Verlag, München 1986
Softcover reprint of the hardcover 1st edition 1986

Die Wiedergabe von Gebrauchsnamen, Handelsnamen, Warenbezeichnungen usw. in diesem Werk berechtigt auch ohne besondere Kennzeichnung nicht zu der Annahme, daß solche Namen im Sinne der Warenzeichen- und Markenschutz-Gesetzgebung als frei zu betrachten wären und daher von jedermann benutzt werden dürften.

Satz: Daten- und Lichtsatz-Service, Würzburg

Geleitwort

Es ist mir eine besondere Freude, das Buch unseres Mitarbeiters und Freundes, Herrn Dr. Claude Maillot, vorstellen zu dürfen.

Das vorliegende Werk ist das Ergebnis langjähriger Erfahrungen, die Dr. Maillot im Laufe seiner allseits anerkannten Lehrtätigkeit an der Medizinischen Fakultät der Straßburger Universität auf dem Gebiet der Anatomie des Zentralnervensystems für Studenten im 1. Studienabschnitt sammeln konnte.

Der Autor wählte eine Form der Darstellung, die gleichsam mit Hilfe eines Kreidestriches nach und nach Schemata herausarbeitet, die der Verdeutlichung des Unterrichtsstoffes dienen.

Zunächst wird eine topographische Darstellung des Zentralnervensystems gegeben; daran schließt sich die systematische Beschreibung der Gefäßversorgung des Nervensystems an.

Schnitte in verschiedenen Richtungen (Frontal-, Horizontal- und Schrägschnitte durch das Gehirn, Transversalschnitte durch den Hirnstamm und Horizontalschnitte durch das Rückenmark) sollen die wesentlichen neuroanatomischen Aspekte vervollständigen und abrunden.

Mit Ausnahme der Skizzen geben alle Abbildungen Originalpräparate wieder, so daß den vielfältigen und komplizierten topographischen Aspekten der Morphologie des Zentralnervensystems Rechnung getragen wird; gewisse Strukturen, wie Thalamus und Hypothalamus, sind jedoch absichtlich vereinfacht worden.

Für Studenten, die sich mit der Neuroanatomie vertraut zu machen beginnen, aber auch für Neurologen, Neurochirurgen und -radiologen wird das Studium dieser einfachen und leicht verständlichen Schemata von größtem Nutzen sein.

Die Forschungstätigkeit des Kollegen Maillot auf dem Gebiet der Gefäßversorgung des Zentralnervensystems schlägt sich auch in dem vorliegenden Atlas nieder, der aufgrund der Erfahrung und Kompetenz des Autors das Wissen seiner Leser zweifellos bereichern wird.

Ich kann die Lektüre dieses Atlas des Zentralnervensystems daher nur ausdrücklich empfehlen, da ich davon überzeugt bin, daß er bei der Erarbeitung und Vertiefung der Grundlagenkenntnisse über die Morphologie des ZNS von großem Nutzen sein und bei seinen Lesern lebhaften Anklang finden wird.

Professor Dr. med. J.G. Koritké
Direktor des Anatomischen Institutes
der Medizinischen Fakultät
der Louis-Pasteur-Universität Strasbourg

Vorwort

Der topographischen Darstellung des Zentralnervensystems schließt sich die systematische Beschreibung der Gefäßversorgung an. Frontal-, Horizontal- und Schrägschnitte durch das Gehirn sowie Transversalschnitte durch den Hirnstamm und Horizontalschnitte durch das Rückenmark folgen und sollen das Wesentliche der neuroanatomischen Aspekte verdeutlichen.

Auf die Darstellung von Bahnen und anderen neurophysiologischen Gesichtspunkten wurde bewußt verzichtet, da die funktionellen Interpretationen in den Lehrbüchern der Physiologen und Kliniker kompetenter vertreten werden als vom Anatomen. Dies geht auch deutlich aus den Anteilen hervor, die dieses Gebiet in den verschiedenen Prüfungsfächern einnimmt.

Schwierigkeiten bereiten dem Anfänger die räumlichen Zuordnungen von Schnittbildern. Deshalb sind diesen Skizzen beigefügt, aus denen die Schnittebenen im Gehirn ersichtlich sind. Das Studium der Schnittbilder ist sehr wichtig, stellt es doch die Grundlage für die Interpretation von Bildern dar, die heute mit modernen nichtinvasiven Techniken wie der Computer- und Kernspintomographie sowie der Ultrasonographie am Lebenden gewonnen werden.

Herrn Professor Koritké, Direktor des Institutes für Anatomie der Universität Strasbourg, möchte ich meinen aufrichtigen Dank für die Unterstützung aussprechen, die er mir bei der Verwirklichung dieses Buches gewährt hat.

Die Ausführung des größten Teiles der Tafeln in diesem Werk wurde den wissenschaftlichen Illustratoren Frau A.M. Asmann-Domenjoud und Fräulein M. Perrier übertragen, deren Fähigkeiten und steten Einsatz ich zu schätzen weiß.

Herrn R. Becker, Photograph am Pathologischen Institut, danke ich herzlich. Seine gute Laune trug ebenso wie die ihm zur Verfügung stehenden technischen Hilfsmittel beträchtlich zur Erleichterung meiner Arbeit bei.

Mein Dank gilt auch Frau D. Rössler und Frau J. Gonzales, die die histologischen Präparate anfertigten, sowie Herrn E. Rittie und Herrn R. Quiri für die mir erwiesene Unterstützung.

Claude Maillot

Inhalt

Geleitwort (J.G. Koritké)		V
Vorwort		VI
Material und Methoden		VIII
I	Topographie und Oberflächenanatomie	1
II	Arterielle Gefäßversorgung	31
III	Venöse Gefäßversorgung	47
IV	Gefäße der Dura mater encephali	63
V	Frontalschnitte des Gehirns	69
VI	Horizontalschnitte des Gehirns	91
VII	Schrägschnitte des Gehirns	105
VIII	Transversalschnitte des Hirnstammes (Truncus encephalicus)	115
IX	Horizontalschnitte des Rückenmarks (Medulla spinalis)	125
Literatur		131
Register		133

Material und Methoden

Bei den Nativpräparaten handelt es sich immer um eine maßstabgerechte Wiedergabe, so daß die Originalrelationen erhalten geblieben sind.

Als Vorlage für die Abbildungen dienten Gehirn- und Rückenmarkpräparate von Erwachsenen, bei denen keine neurologischen Erkrankungen vorlagen.

Die Gehirne wurden mit einer Formalinlösung durchspült und anschließend in einer Formalin-Kochsalz-Lösung schwimmend aufgehoben und während 30 Tagen fixiert.

Die Injektion des arteriellen Systems erfolgte über Knopfsonden, die in die beiden Aa. carotides internae und eine der beiden Aa. vertebrales eingebunden wurden. Die andere A. vertebralis wurde sorgfältig unterbunden.

Das venöse System wurde durch Katheterisierung des Sinus rectus und der beiden Venen des Felsenbeins aufgefüllt.

Die Injektion des Gefäßsystems mit einer Agar-Tuschelösung erfolgte vor der eigentlichen Fixation des Materials mit Formalin.

Vor Anfertigung der Präparate wurden die Hirnhäute sorgfältig entfernt oder das Gefäßnetz vorsichtig freigelegt und bestimmte Sulci mit Tinte oder Farbe markiert, um sie später besser identifizieren zu können. Die Schnittdicke beträgt für Horizontal- und Transversalschnitte des Gehirns 0,5 cm, für die Schrägschnitte 1 cm.

Die Präparate wurden photographisch dokumentiert, abgezeichnet und die einzelnen Strukturen mit Ziffern gekennzeichnet.

Um eine einwandfreie Abgrenzung der verschiedenen Zellschichten und der Tractus der Substantia alba zu erreichen, wurden die Zeichnungen nach Prüfung der Präparate (mit Hilfe einer Binokularlupe) angefertigt. Zusätzliche synoptische graphische Darstellungen sind nach Befunden aus der Literatur erstellt worden.

Hirnstamm- und Rückenmarkschnitte erforderten histologische Techniken. Die Färbung der Schnitte erfolgte nach der Klüver-Barrera-Methode mit luxol-fast-blue, um graue und weiße Substanzen besser differenzieren zu können.

Die Fülle der Details, die auf den einzelnen Bildern sichtbar sind, macht eine Entscheidung zur Festlegung der Hinweislinien in den Zeichnungen außerordentlich schwer. Deshalb wurden von einer Reihe von Schnittbildern Ausschnittsvergrößerungen wiedergegeben. Die Vielzahl der Hinweislinien machte es leider unmöglich, die Nomenklatur in gut lesbarer Weise an den Linien anzubringen. Sie wurde durch Ziffern ersetzt, die sich in der Bildlegende wiederholen. Dieser scheinbare Nachteil hat aber auch für den Studierenden den Vorteil, daß er durch Abdecken der Bildlegenden sein Wissen unvoreingenommen überprüfen kann.

Skizzen der Hirnoberfläche mit Verlauf der Schnittlinien sind als Orientierungshilfe für die räumliche Einordnung der Hirnschnitte gedacht.

Die Nomenklatur des ZNS bezieht sich auf die PNA (Pariser Nomina Anatomica 1955) und die entsprechenden Änderungen (New York, Wiesbaden, Tokio 1975). Für die Gefäße gibt es keine einheitliche Nomenklatur. Hier hat der Autor eine eigene Namensgebung bevorzugt, die in den wissenschaftlichen Publikationen ihren Niederschlag findet.

I Topographie und Oberflächenanatomie

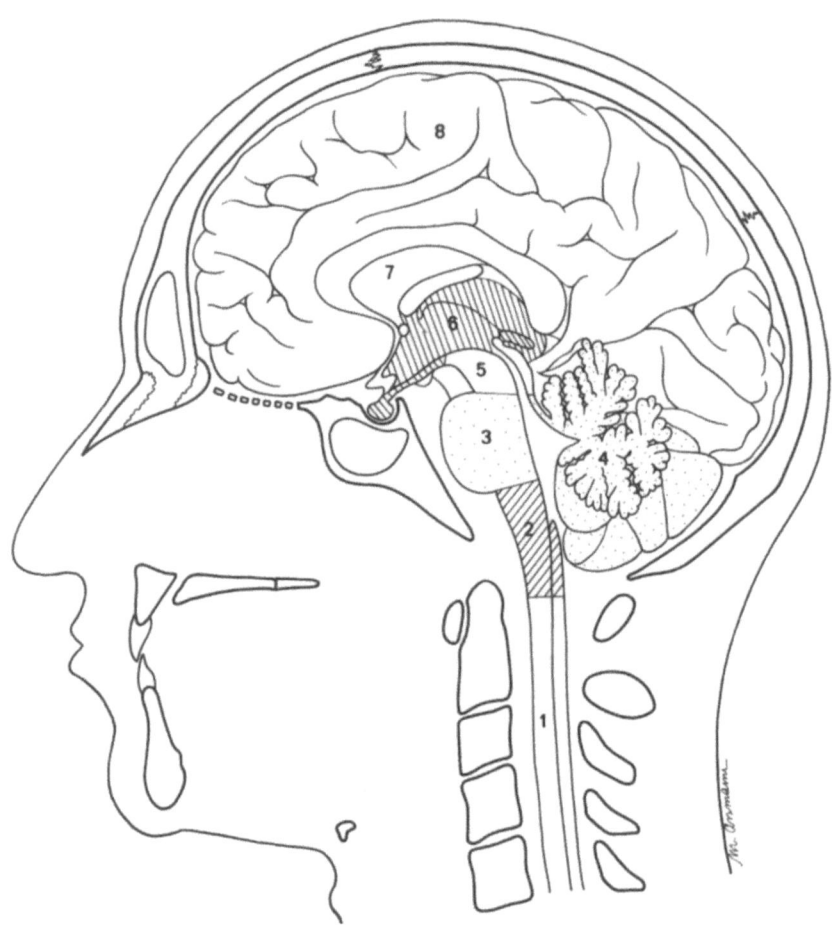

Abb. 1. Schematische Darstellung eines Medianschnittes durch Kopf und Hals, rechte Seite. Lage und Abschnitte des Zentralnervensystems.

1. Medulla spinalis		
2. Medulla oblongata		Rhombencephalon
3. Pons	Metencephalon	
4. Cerebellum		
5. Mesencephalon		
6. Diencephalon		Prosencephalon
7. Telencephalon (commissurae)		
8. Telencephalon (hemispherium)		

(Encephalon)

Medulla oblongata, Pons und Mesenzephalon werden häufig unter dem allgemeineren Begriff Truncus encephalicus zusammengefaßt. Manche Autoren zählen hierzu auch noch das Cerebellum und das Dienzephalon.

I Topographie und Oberflächenanatomie

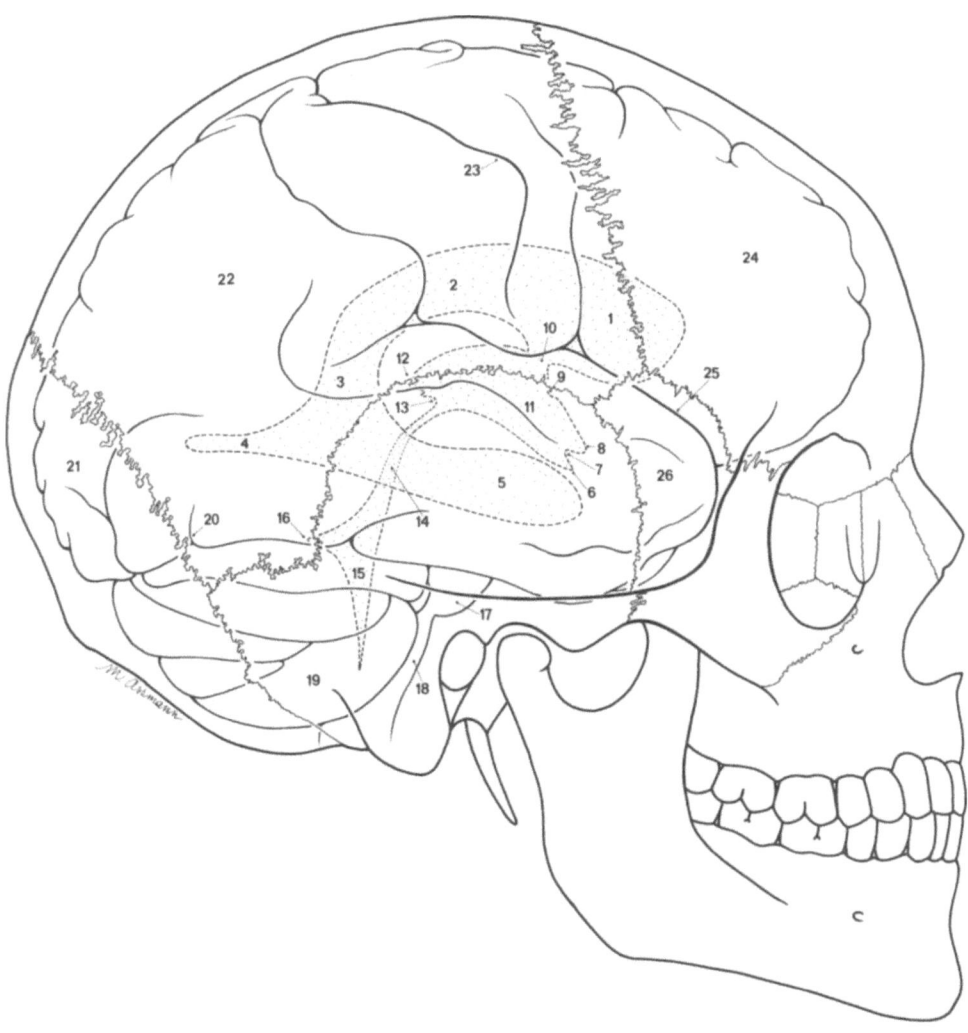

Abb. 2. Rechte Seitenansicht des knöchernen Schädels mit Projektion des Gehirns und der Hirnventrikel

1. Cornu anterius ventriculi lateralis
2. Pars centralis ventriculi lateralis
3. Trigonum collaterale
4. Cornu posterius ventriculi lateralis
5. Cornu inferius ventriculi lateralis
6. Recessus infundibuli ventriculi quarti
7. Impressio intraventricularis chiasmae optici
8. Recessus opticus ventriculi quarti
9. Impressio intraventricularis commissurae anterioris
10. Foramen interventriculare
11. Ventriculus tertius
12. Recessus pinealis ventriculi tertii
13. Impressio intraventricularis commissurae posterioris
14. Aqueductus cerebri
15. Ventriculus quartus
16. Recessus fastigialis ventriculi quarti
17. Pons
18. Medulla oblongata
19. Cerebellum
20. Incisura preoccipitalis
21. Lobus occipitalis
22. Lobus parietalis
23. Sulcus centralis
24. Lobus frontalis
25. Sulcus lateralis
26. Lobus temporalis

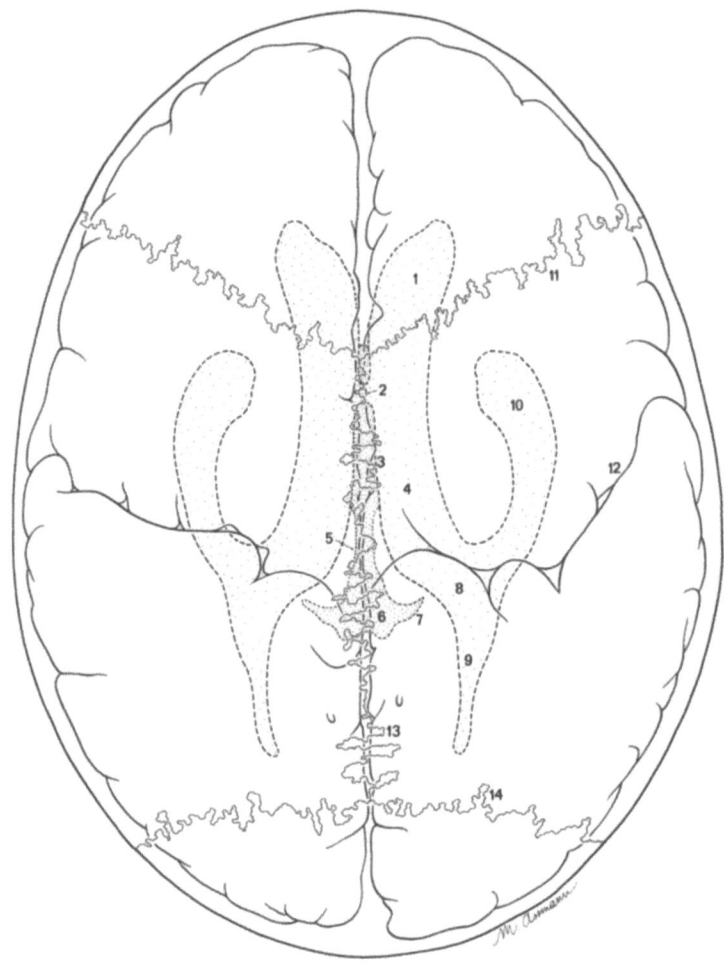

Abb. 3. Aufsicht auf die Schädeldecke (Calvaria) mit Projektion des Gehirns und der Hirnventrikel

1. Cornu anterius ventriculi lateralis
2. Foramen interventriculare
3. Ventriculus tertius
4. Pars centralis ventriculi lateralis
5. Aqueductus cerebri
6. Ventriculus quartus
7. Recessus lateralis ventriculi quarti
8. Trigonum collaterale
9. Cornu posterius ventriculi lateralis
10. Cornu inferius ventriculi lateralis
11. Sutura coronalis
12. Sulcus centralis
13. Sutura sagittalis
14. Sutura lambdoidea

I Topographie und Oberflächenanatomie

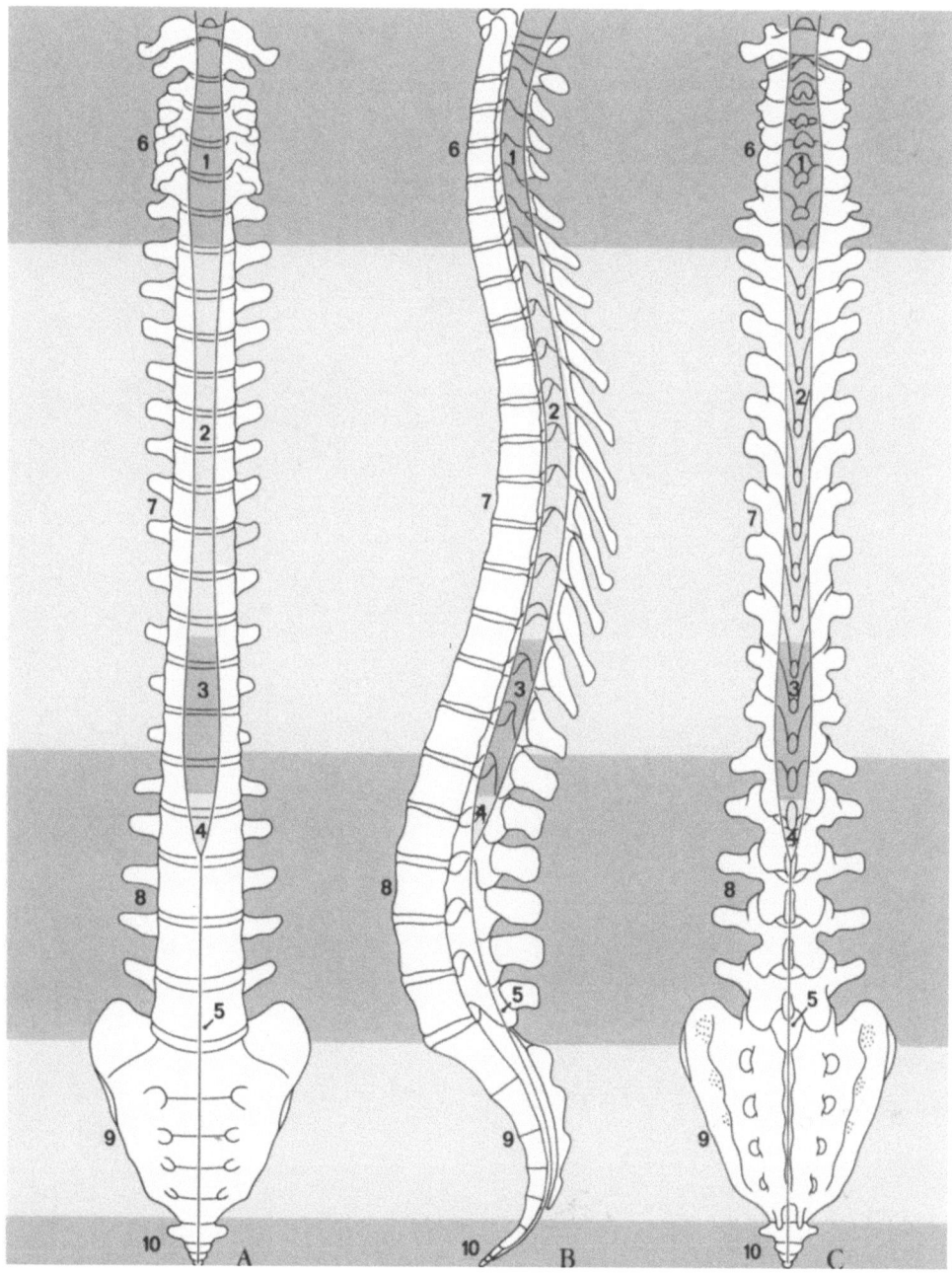

Abb. 4. Topographisches Schema der Wirbelsäule mit Rückenmark. Ansicht (A) von vorn, (B) median, (C) von hinten.

1. Intumescentia cervicalis
2. Pars thoracica
3. Intumescentia lumbalis
4. Conus medullaris
5. Filum terminale
6. Columna vertebralis: pars cervicalis
7. Columna vertebralis: pars thoracica
8. Columna vertebralis: pars lumbalis
9. Os sacrum
10. Coccyx

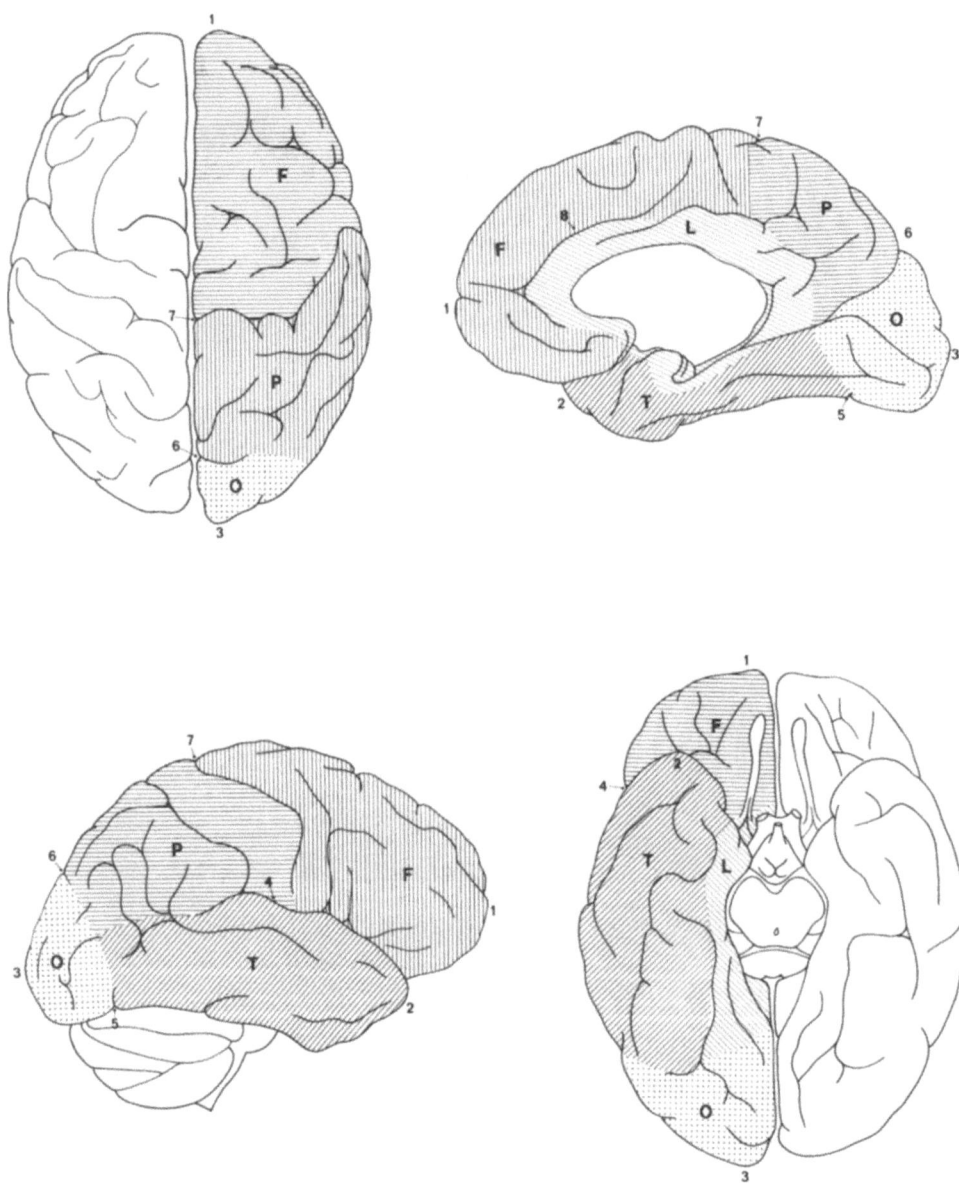

Abb. 5. Schematische Darstellung der Unterteilung der Großhirnhemisphäre

1. Polus frontalis
2. Polus temporalis
3. Polus occipitalis
4. Sulcus lateralis
5. Incisura preoccipitalis
6. Sulcus parietooccipitalis
7. Sulcus centralis
8. Sulcus cinguli

F. Lobus frontalis
L. Lobus limbicus
O. Lobus occipitalis
P. Lobus parietalis
T. Lobus temporalis

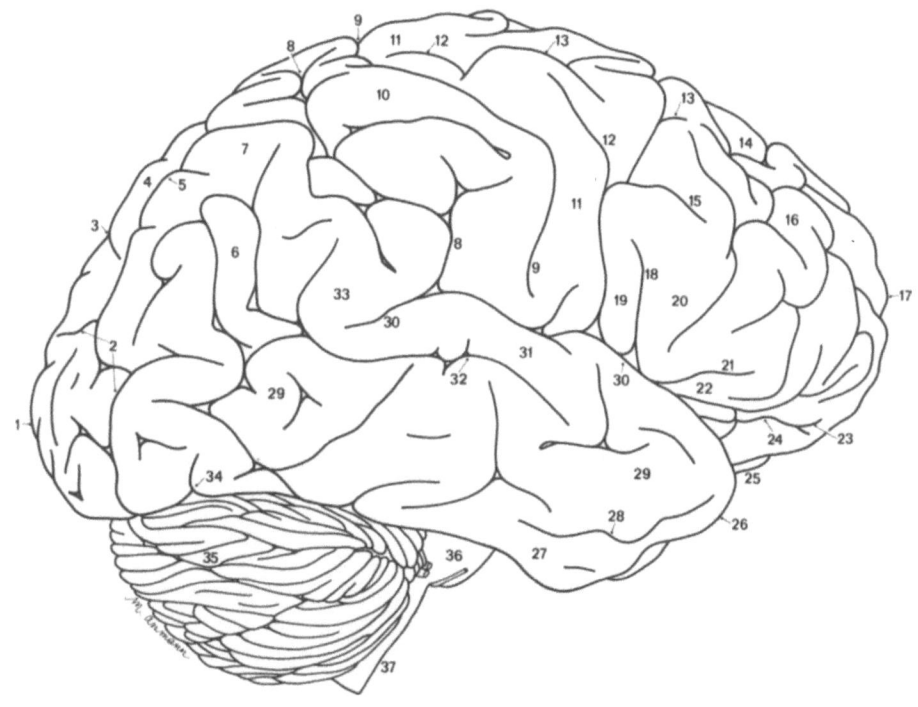

Abb. 6. Rechte Seitenansicht des Gehirns

1. Polus occipitalis
2. Sulci occipitales
3. Sulcus occipitalis transversus
4. Lobulus parietalis superior
5. Sulcus intraparietalis
6. Gyrus angularis
7. Lobulus parietalis inferior
8. Sulcus postcentralis
9. Sulcus centralis
10. Gyrus postcentralis
11. Gyrus precentralis
12. Sulcus precentralis
13. Sulcus frontalis superior
14. Gyrus frontalis superior
15. Sulcus frontalis inferior
16. Gyrus frontalis medius
17. Polus frontalis
18. Sulcus lateralis: ramus ascendens
19. Gyrus frontalis inferior: pars opercularis
20. Gyrus frontalis inferior: pars triangularis
21. Sulcus lateralis: ramus anterior
22. Gyrus frontalis inferior: pars orbitalis
23. Gyrus orbitalis
24. Sulcus orbitalis
25. Bulbus olfactorius
26. Polus temporalis
27. Gyrus temporalis inferior
28. Sulcus temporalis inferior
29. Sulcus temporalis medius
30. Sulcus lateralis
31. Gyrus temporalis superior
32. Sulcus temporalis superior
33. Gyrus supramarginalis
34. Incisura preoccipitalis
35. Hemispherium cerebelli
36. Pons
37. Medulla oblongata

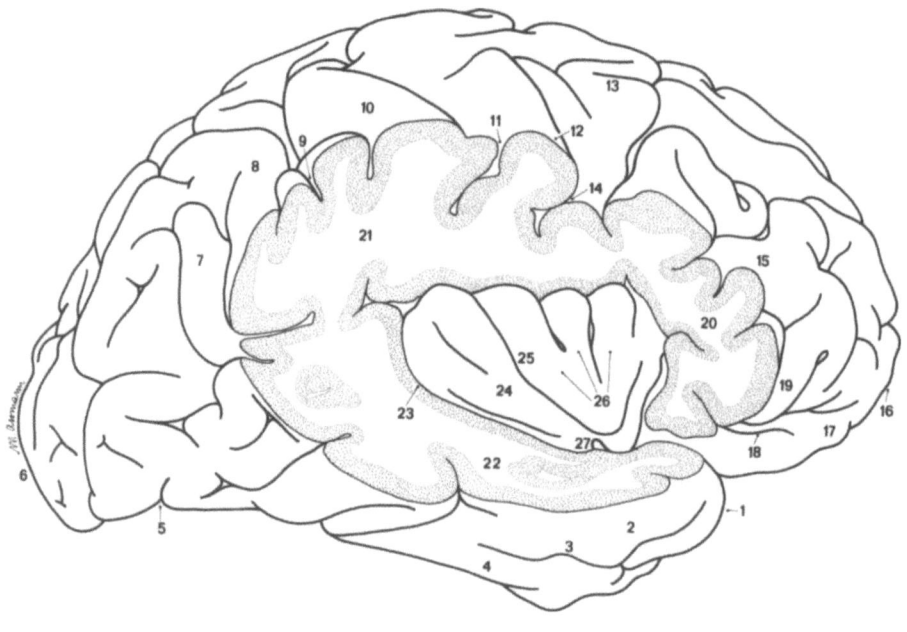

Abb. 7. Insula (nach Abtragung des temporalen, fronto-parietalen und frontalen Operculums), rechte Seite

1. Polus temporalis
2. Gyrus temporalis medius
3. Sulcus temporalis superior
4. Gyrus temporalis inferior
5. Incisura preoccipitalis
6. Polus occipitalis
7. Gyrus angularis
8. Lobulus parietalis inferior
9. Sulcus postcentralis
10. Gyrus postcentralis
11. Sulcus centralis
12. Gyrus precentralis
13. Sulcus frontalis superior
14. Sulcus precentralis
15. Gyrus frontalis medius
16. Polus frontalis
17. Gyrus orbitalis
18. Sulcus orbitalis
19. Gyrus frontalis inferior: pars orbitalis
20. Operculum frontale
21. Operculum frontoparietale
22. Operculum temporale
23. Sulcus circularis insulae
24. Gyrus longus insulae
25. Sulcus centralis insulae
26. Gyri brevi insulae
27. Limen insulae

I Topographie und Oberflächenanatomie

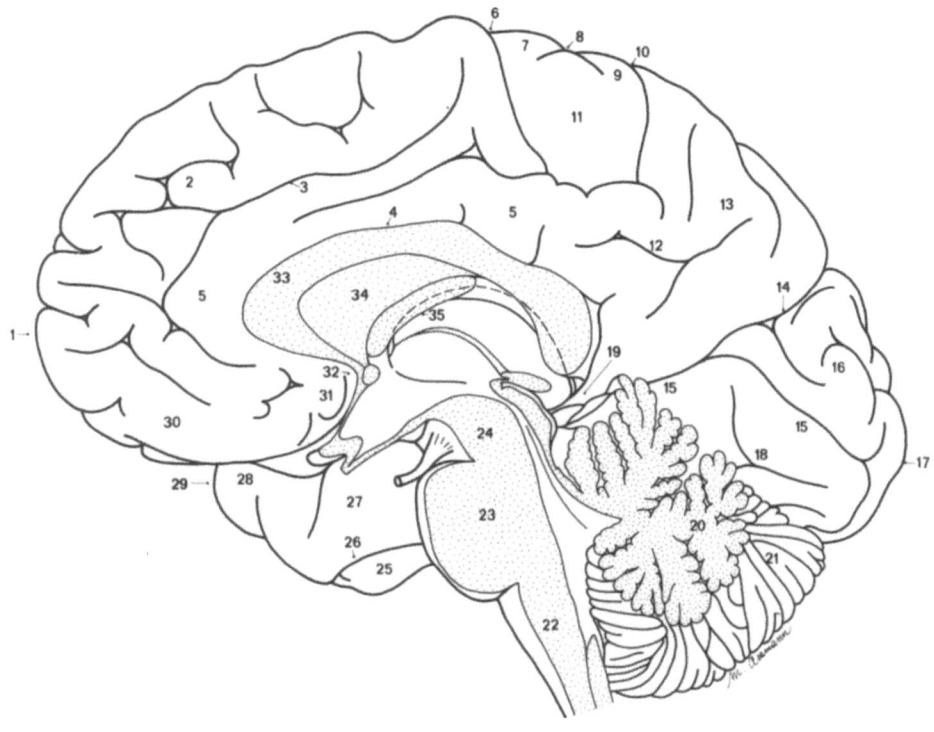

Abb. 8. Medianschnitt durch das Gehirn, rechte Seite

1. Polus frontalis
2. Gyrus frontalis medius
3. Sulcus cinguli
4. Sulcus corporis callosi
5. Gyrus cinguli
6. Sulcus precentralis
7. Gyrus precentralis
8. Sulcus centralis
9. Gyrus postcentralis
10. Sulcus postcentralis
11. Lobulus paracentralis
12. Sulcus subparietalis
13. Precuneus
14. Sulcus parietooccipitalis
15. Sulcus calcarinus
16. Cuneus
17. Polus occipitalis
18. Gyrus lingualis
19. Isthmus gyri cinguli
20. Vermis
21. Hemispherium cerebelli
22. Medulla oblongata
23. Pons
24. Mesencephalon
25. Gyrus occipitotemporalis lateralis
26. Sulcus rhinalis
27. Gyrus parahippocampalis
28. Gyrus temporalis superior
29. Polus temporalis
30. Gyrus rectus
31. Area subcallosa
32. Gyrus paraterminalis
33. Corpus callosum
34. Septum pellucidum
35. Fornix

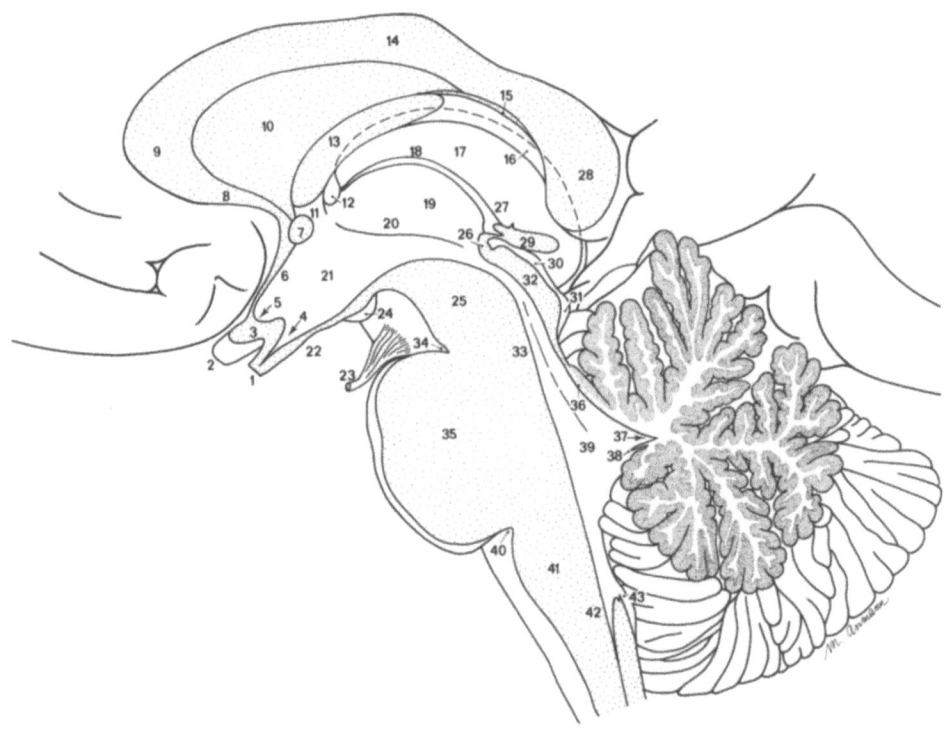

Abb. 9. Medianschnitt durch das Gehirn, rechte Seite. Vergrößerte Ansicht des Truncus encephalicus, des Dienzephalons und der interhemisphärischen Kommissuren. (Zur Nomenklatur des Kleinhirns vgl. Abb. 23).

1. Infundibulum
2. Nervus opticus
3. Chiasma opticum
4. Recessus infundibuli
5. Recessus opticus
6. Lamina terminalis
7. Commissura anterior
8. Rostrum corporis callosi
9. Genu corporis callosi
10. Septum pellucidum
11. Columna fornicis
12. Foramen interventriculare
13. Corpus fornicis
14. Truncus corporis callosi
15. Commissura fornicis
16. Crus fornicis
17. Thalamus: facies superior (pars meningea)*
18. Habenula
19. Thalamus: facies medialis
20. Sulcus hypothalamicus
21. Hypothalamus
22. Tuber cinereum
23. Nervus oculomotorius
24. Corpus mamillare
25. Pedunculus cerebri
26. Commissura posterior
27. Trigonum habenulae
28. Splenium corporis callosi
29. Corpus pineale et taenia ventriculi tertii
30. Colliculus superior
31. Colliculus inferior
32. Lamina tecti
33. Aqueductus cerebri
34. Sulcus pontomesencephalicus
35. Pons
36. Velum medullare superius
37. Recessus fastigialis ventriculi quarti
38. Velum medullare inferius
39. Ventriculus quartus
40. Sulcus pontomedullaris
41. Medulla oblongata
42. Canalis centralis
43. Obex

* Die obere Begrenzung ist durch eine gestrichelte Linie markiert.

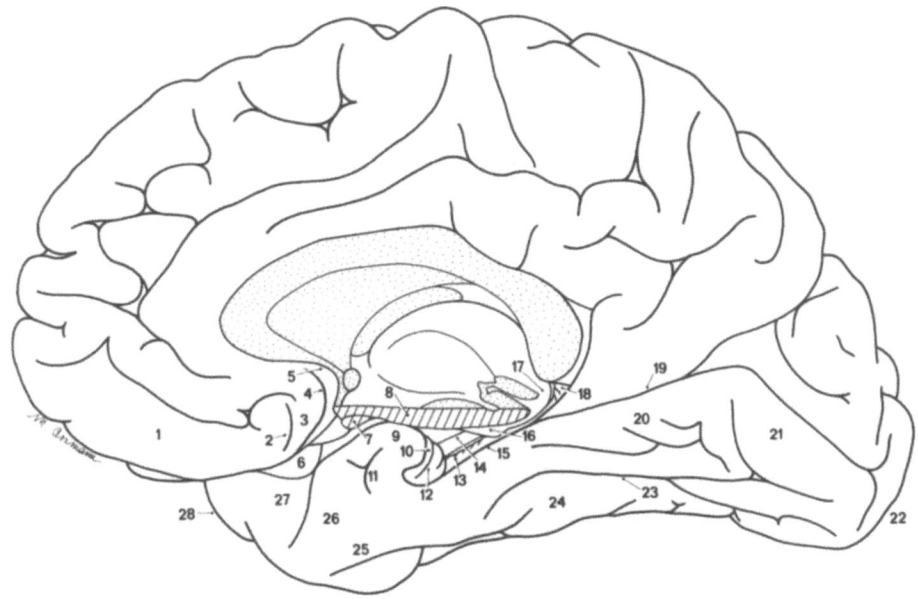

Abb. 10. Medianschnitt durch das Gehirn (rechte Seite). Dienzephalon und Truncus encephalicus sind entfernt.

1. Gyrus rectus
2. Sulcus paraolfactorius anterior
3. Area subcallosa
4. Sulcus paraolfactorius posterior
5. Gyrus paraterminalis
6. Gyrus orbitalis (pars posterior)
7. Tractus opticus
8. Diencephalon
9. Uncus
10. Limbus Giacomini
11. Gyrus ambiens
12. Gyrus intralimbicus
13. Gyrus dentatus
14. Fimbria
15. Sulcus hippocampi
16. Corpus geniculatum laterale
17. Pulvinar
18. Gyrus fasciolaris
19. Sulcus calcarinus
20. Gyrus occipitotemporalis medialis
21. Gyrus lingualis
22. Polus occipitalis
23. Sulcus collateralis
24. Gyrus occipitotemporalis lateralis
25. Sulcus rhinalis
26. Gyrus parahippocampalis
27. Gyrus temporalis superior
28. Polus temporalis

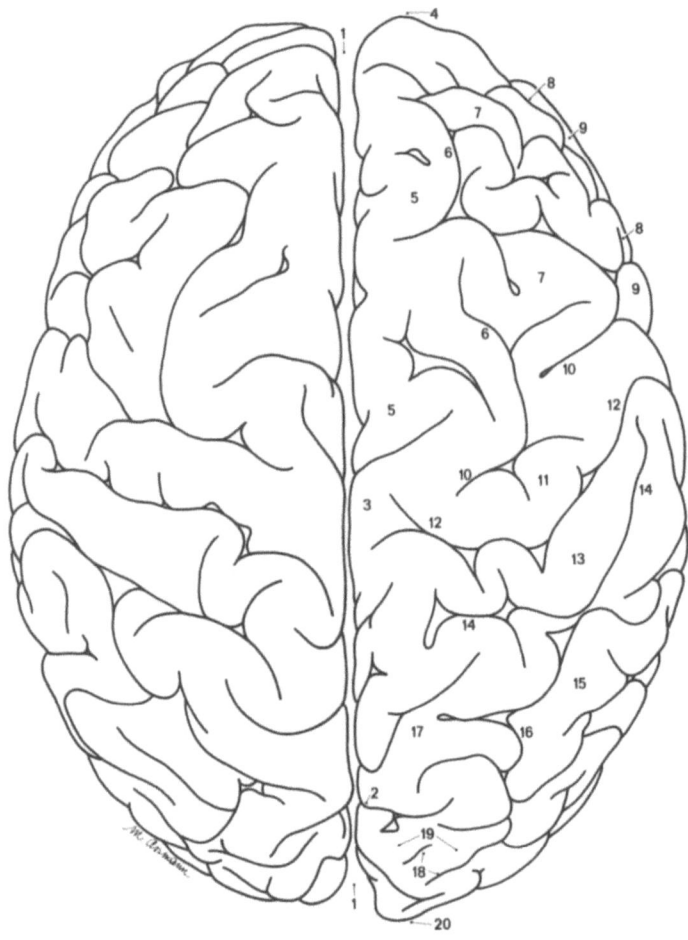

Abb. 11. Aufsicht auf das Gehirn

1. Fissura longitudinalis cerebri
2. Sulcus occipitalis transversus
3. Gyrus paracentralis
4. Polus frontalis
5. Gyrus frontalis superior
6. Sulcus frontalis superior
7. Gyrus frontalis medius
8. Sulcus frontalis inferior
9. Gyrus frontalis inferior
10. Sulcus precentralis
11. Gyrus precentralis
12. Sulcus centralis
13. Gyrus postcentralis
14. Sulcus postcentralis
15. Lobulus parietalis inferior
16. Sulcus intraparietalis
17. Lobulus parietalis superior
18. Sulci occipitales
19. Gyri occipitales
20. Polus occipitalis

I Topographie und Oberflächenanatomie

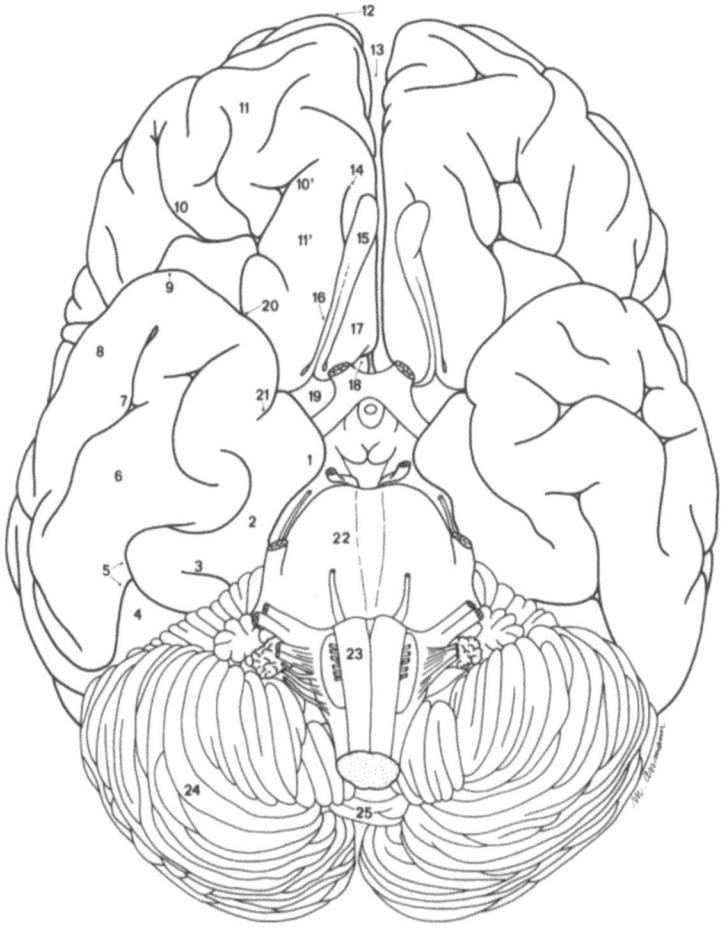

Abb. 12. Ansicht des Gehirns von unten

1. Gyrus ambiens
2. Gyrus parahippocampalis
3. Sulcus collateralis
4. Gyrus occipitotemporalis lateralis
5. Sulcus occipitotemporalis
6. Gyrus temporalis inferior
7. Sulcus temporalis inferior
8. Gyrus temporalis medius
9. Polus temporalis
10 et 10'. Sulci orbitales
11 et 11'. Gyri orbitales
12. Polus frontalis
13. Fissura longitudinalis cerebri
14. Sulcus olfactorius
15. Bulbus olfactorius
16. Tractus olfactorius
17. Gyrus rectus
18. Area subcallosa
19. Substantia perforata anterior
20. Fossa lateralis cerebri (pars inferior)
21. Sulcus rhinalis
22. Pons
23. Medulla oblongata
24. Hemispherium cerebelli
25. Vermis

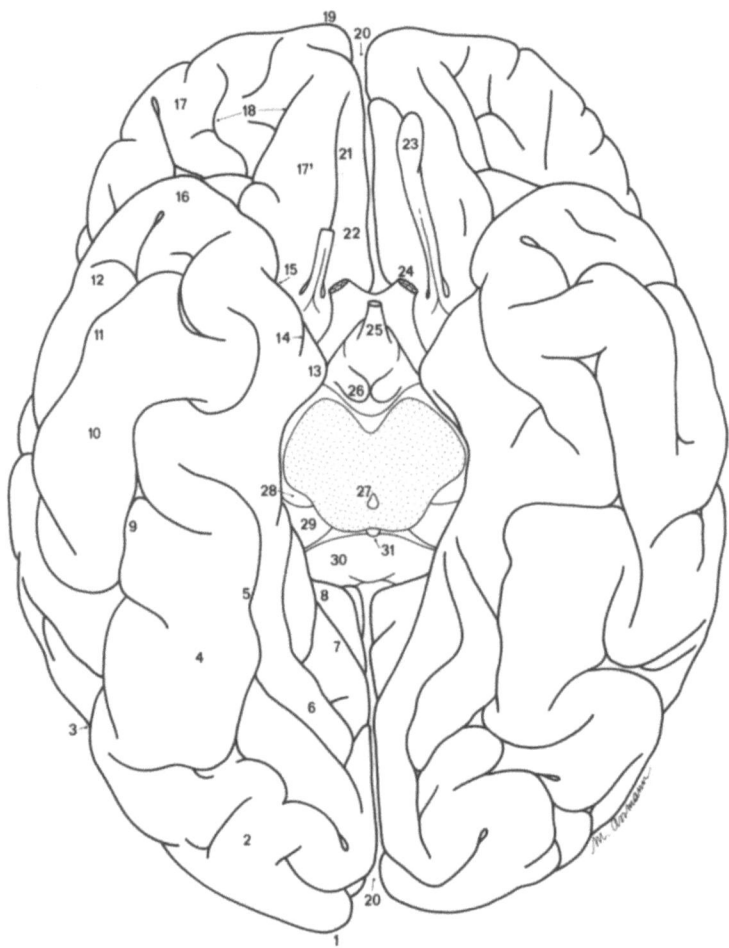

Abb. 13. Ansicht des Gehirns von unten nach Abtragung des Truncus encephalicus und des Kleinhirns

1. Polus occipitalis
2. Gyrus occipitalis
3. Incisura preoccipitalis
4. Gyrus occipitotemporalis lateralis
5. Sulcus collateralis
6. Gyrus lingualis
7. Sulcus calcarinus
8. Isthmus gyri calcarini
9. Sulcus occipitotemporalis
10. Gyrus temporalis inferior
11. Sulcus temporalis inferior
12. Gyrus temporalis medius
13. Gyrus ambiens
14. Sulcus rhinalis
15. Fossa lateralis cerebri (pars inferior)
16. Polus temporalis
17 et 17'. Gyri orbitales
18. Sulci orbitales
19. Polus frontalis
20. Fissura longitudinalis cerebri
21. Sulcus olfactorius*
22. Gyrus rectus
23. Bulbus olfactorius
24. Nervus opticus
25. Infundibulum
26. Corpus mamillare
27. Mesencephalon et aqueductus cerebri
28. Corpus geniculatum laterale
29. Pulvinar
30. Splenium corporis callosi
31. Corpus pineale

* Sichtbar nach Entfernung des Tractus olfactorius

I Topographie und Oberflächenanatomie

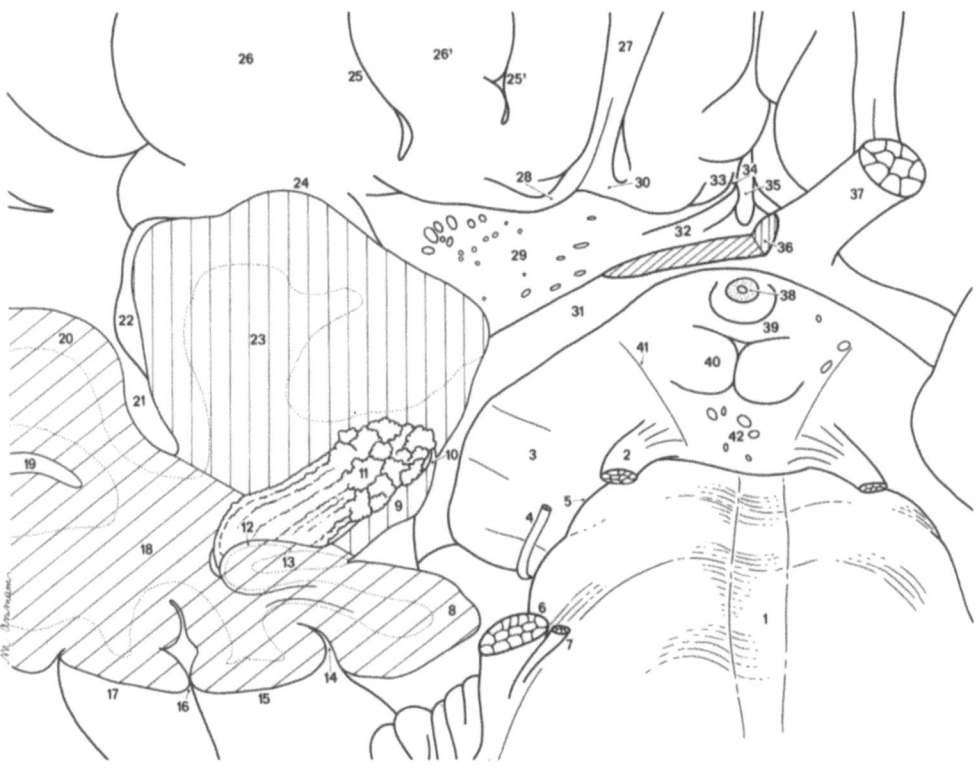

Abb. 14. Vergrößerte Ansicht des Gehirns von unten nach Abtragung der Extremitas anterior des Temporallappens, rechte Seite

1. Sulcus basilaris
2. Nervus oculomotorius
3. Pedunculus cerebri
4. Nervus trochlearis
5. Sulcus ponto-
   mesencephalicus
6. Nervus trigeminus: radix
   sensoria
7. Nervus trigeminus: radix
   motoria
8. Gyrus parahippocampalis
9. Fimbria hippocampi
10. Velum terminale
11. Plexus choroideus
12. Alveus hippocampi
13. Gyrus dentatus
14. Sulcus collateralis
15. Gyrus occipitotemporalis
    lateralis
16. Sulcus occipitotemporalis
17. Gyrus temporalis inferior
18. Lobus temporalis
    (pars verticalis)
19. Sulcus temporalis superior
20. Gyrus temporalis superior
21. Sulcus lateralis
22. Insula
23. Lobus temporalis
    (pars horizontalis)
24. Limen insulae
25 et 25′. Sulci orbitales
26 et 26′. Gyri orbitales
27. Tractus olfactorius
28. Striae olfactoriae laterales
29. Substantia perforata
    anterior
30. Striae olfactoriae mediales
31. Tractus opticus
32. Gyrus diagonalis
33. Area subcallosa
34. Gyrus paraterminalis
35. Fissura longitudinalis
    cerebri
36. Chiasma opticum
37. Nervus opticus
38. Infundibulum
39. Tuber cinereum
40. Corpus mamillare
41. Sulcus medialis pedunculi
    cerebri
42. Substantia perforata
    posterior

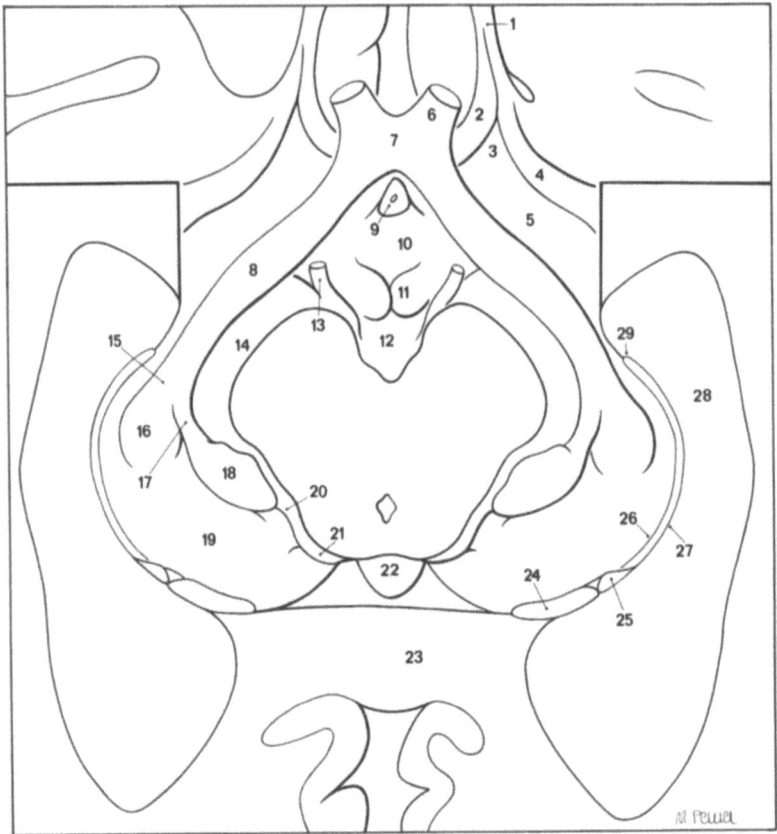

Abb. 15. Ansicht des Dienzephalons von unten nach Abtragung des Mesenzephalons und der Temporallappen

1. Tractus olfactorius
2. Striae olfactoriae mediales
3. Trigonum olfactorium
4. Striae olfactoriae laterales
5. Substantia perforata anterior
6. Nervus opticus
7. Chiasma opticum
8. Tractus opticus
9. Infundibulum et recessus infundibuli
10. Tuber cinereum
11. Corpus mamillare
12. Fossa interpeduncularis et substantia perforata posterior
13. Nervus oculomotorius
14. Pedunculus cerebri
15. Tractus opticus: radix medialis
16. Corpus geniculatum mediale
17. Tractus opticus: radix lateralis
18. Corpus geniculatum laterale
19. Pulvinar
20. Brachium colliculi superioris
21. Colliculus superior
22. Corpus pineale
23. Splenium corporis callosi
24. Gyrus fasciolaris
25. Crus fornicis
26. Taenia choroidea
27. Taenia fornicis
28. Ventriculus lateralis: cornu inferius
29. Velum terminale

I Topographie und Oberflächenanatomie

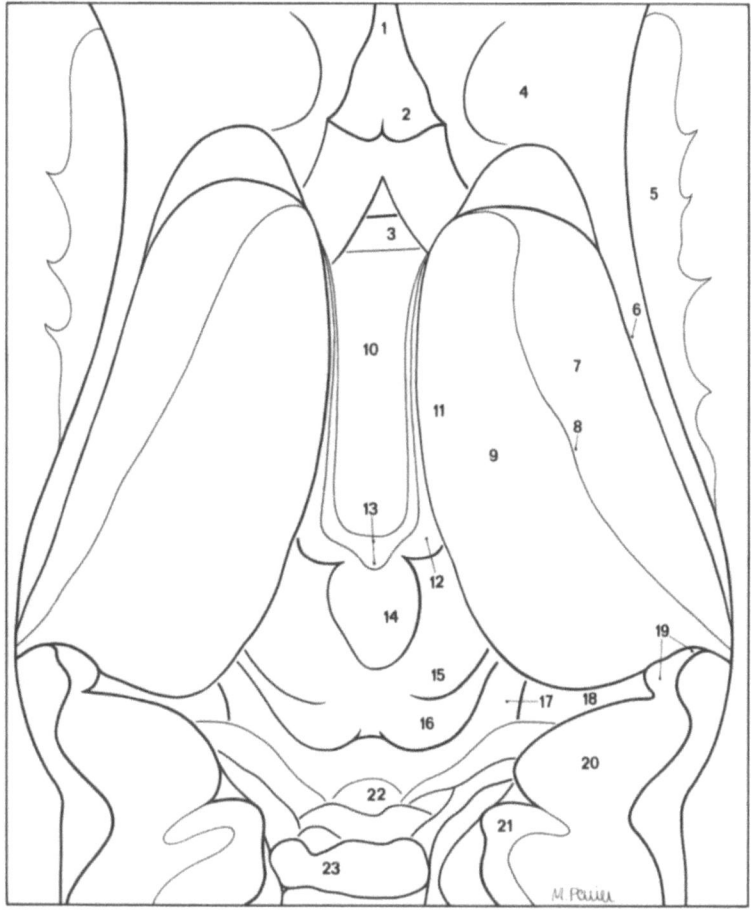

Abb. 16. Aufsicht auf das Dienzephalon

1. Septum pellucidum
2. Columna fornicis
3. Commissura anterior
4. Ventriculus lateralis
5. Corpus nuclei caudati
6. Sulcus thalamostriatus
7. Facies superior thalami: pars ventricularis
8. Taenia choroidea
9. Facies superior thalami: pars meningea
10. Ventriculus tertius
11. Habenula et taenia thalami
12. Trigonum habenulae
13. Commissura habenularum et recessus suprapinealis
14. Corpus pineale
15. Colliculus superior
16. Colliculus inferior
17. Margo lateralis pedunculi cerebri
18. Fissura transversa cerebri
19. Crus fornicis et taenia fornicis
20. Corpus callosum: forceps major
21. Gyrus cinguli
22. Lingula cerebelli
23. Lobulus centralis

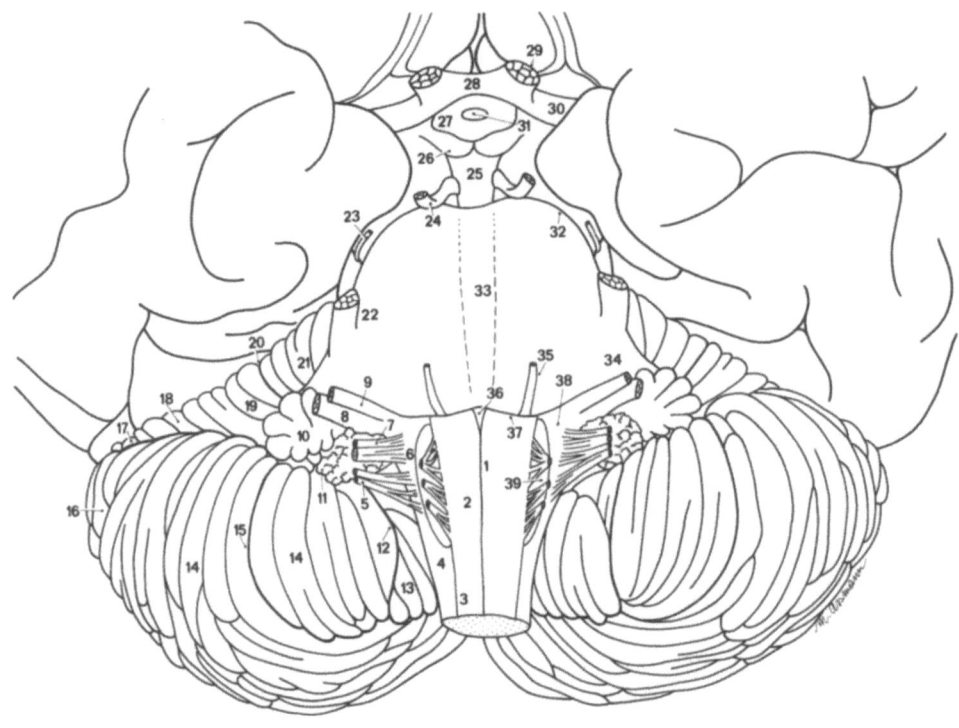

Abb. 17. Vorderansicht des Truncus encephalicus und des Kleinhirns

1. Fissura mediana
2. Pyramis
3. Sulcus lateralis ventralis
4. Funiculus lateralis
5. Nervus accessorius: radices craniales
6. Nervus vagus
7. Nervus glossopharyngeus
8. Nervus vestibulocochlearis
9. Nervus facialis
10. Flocculus
11. Plexus choroideus
12. Fissura secunda
13. Tonsilla cerebelli
14. Lobulus biventer
15. Fissura intrabiventeris
16. Lobulus semilunaris inferior
17. Fissura horizontalis
18. Lobulus semilunaris superior
19. Lobulus simplex
20. Fissura prima
21. Lobulus quadrangularis
22. Nervus trigeminus
23. Nervus trochlearis
24. Nervus oculomotorius
25. Fossa interpeduncularis
26. Corpus mamillare
27. Tuber cinereum
28. Chiasma opticum
29. Nervus opticus
30. Tractus opticus
31. Infundibulum
32. Sulcus ponto-mesencephalicus
33. Sulcus basilaris
34. Pedunculus cerebellaris medius
35. Nervus abducens
36. Foramen caecum
37. Sulcus pontomedullaris
38. Fossula lateralis medullae oblongatae
39. Oliva

I Topographie und Oberflächenanatomie

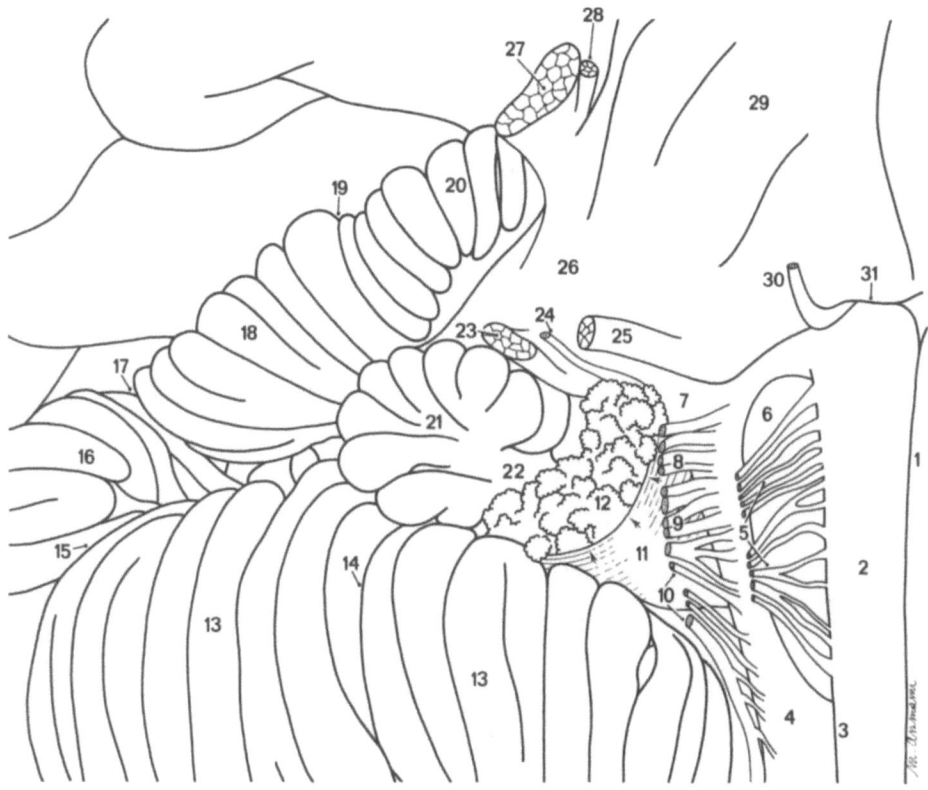

Abb. 18. Vergrößerte Ansicht des Kleinhirnbrückenwinkels, rechte Seite

1. Fissura mediana
2. Pyramis
3. Sulcus lateralis ventralis
4. Funiculus lateralis
5. Fila radicularia nervi hypoglossi
6. Oliva
7. Fossula lateralis medullae oblongatae
8. Fila radicularia nervi glossopharyngei
9. Fila radicularia nervi vagi
10. Fila radicularia nervi accessorii
11. Recessus lateralis ventriculi quarti*
12. Plexus choroideus
13. Lobulus biventer
14. Fissura intrabiventeris
15. Fissura horizontalis
16. Lobulus semilunaris superior
17. Fissura superior posterior
18. Lobulus simplex
19. Fissura prima
20. Lobulus quadrangularis
21. Flocculus
22. Pedunculus flocculi
23. Nervus vestibulocochlearis
24. Nervus intermedius
25. Nervus facialis
26. Pedunculus cerebellaris medius
27. Nervus trigeminus: radix sensoria
28. Nervus trigeminus: radix motoria
29. Pons
30. Nervus abducens
31. Sulcus pontomedullaris

* An seinem freien Rand (durch Pfeile markiert) geht er in die Apertura lateralis über.

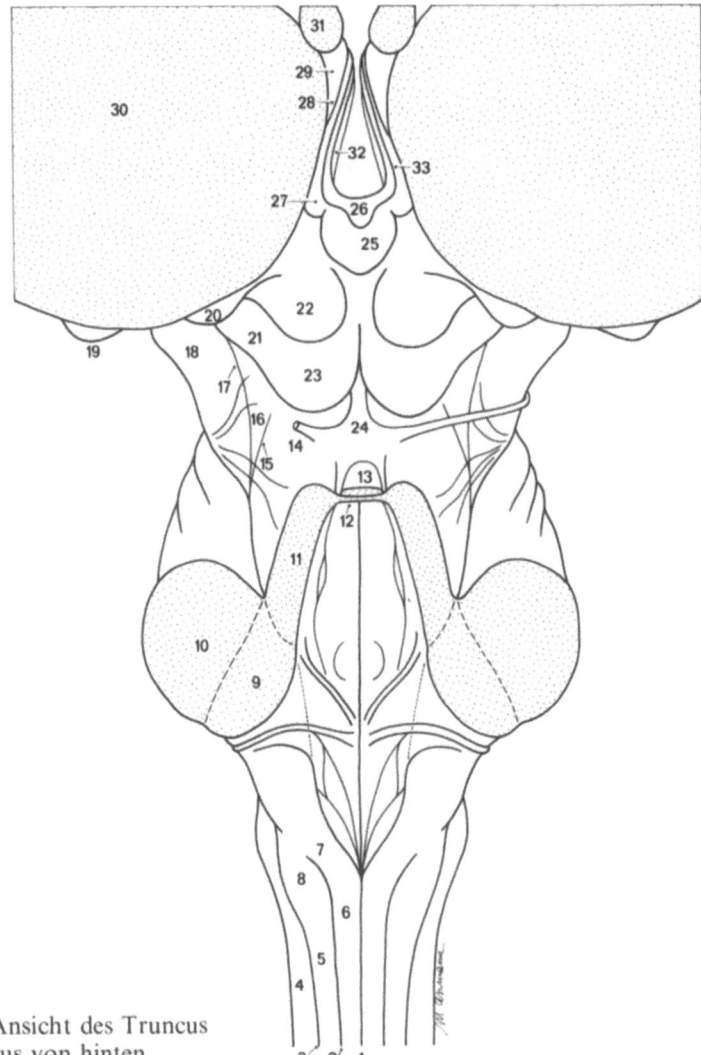

Abb. 19. Ansicht des Truncus encephalicus von hinten

1. Sulcus medianus
2. Sulcus intermedius dorsalis
3. Sulcus lateralis dorsalis
4. Funiculus lateralis
5. Fasciculus cuneatus
6. Fasciculus gracilis
7. Tuberculum nuclei gracilis
8. Tuberculum nuclei cuneati
9. Pedunculus cerebellaris inferior (corpus restiforme)*
10. Pedunculus cerebellaris medius
11. Pedunculus cerebellaris superior
12. Velum medullare superius
13. Lingula cerebelli
14. Nervus trochlearis
15. Sulcus lateralis pedunculi cerebellaris superioris
16. Trigonum lemnisci
17. Sulcus lateralis pedunculi cerebri
18. Pedunculus cerebri
19. Corpus geniculatum mediale
20. Corpus geniculatum laterale
21. Brachium colliculi inferioris
22. Colliculus superior
23. Colliculus inferior
24. Frenulum veli medullaris superioris
25. Corpus pineale
26. Commissura habenularum et recessus suprapinealis
27. Trigonum habenulae
28. Habenula
29. Thalamus: facies superior (pars meningea)
30. Thalamus
31. Columna fornicis
32. Thalamus: facies ventricularis
33. Taenia thalami

* Die mediale Begrenzung ist durch eine gepunktete Linie markiert.

I Topographie und Oberflächenanatomie

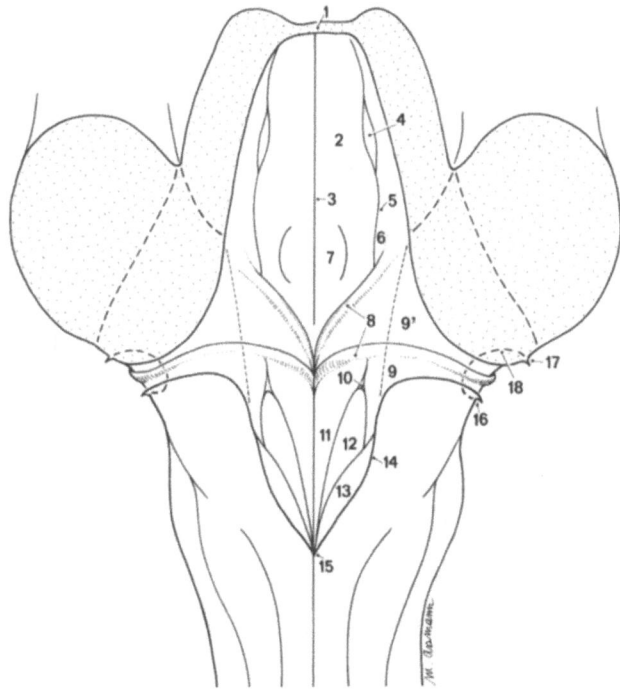

Abb. 20. Vergrößerte Ansicht des Bodens des IV. Ventrikels

1. Velum medullare superius
2. Eminentia medialis
3. Sulcus medianus
4. Locus coeruleus
5. Sulcus limitans
6. Fovea superior
7. Colliculus facialis
8. Striae medullares ventriculi quarti
9 et 9'. Area vestibularis superior et inferior
10. Fovea inferior
11. Trigonum nervi hypoglossi
12. Trigonum nervi vagi
13. Area postrema
14. Taenia ventriculi quarti*

* Innen geht sie über die Medianlinie hinaus und begrenzt den Obex (Nr. 15). Außen ist sie zunächst auf der Medulla oblongata (Nr. 16), dann auf der Vorderseite des Pedunculus cerebellaris inferior (Nr. 17) gelegen und bildet so den Recessus lateralis ventriculi quarti, der durch eine gestrichelte Linie markiert ist (Nr. 18).

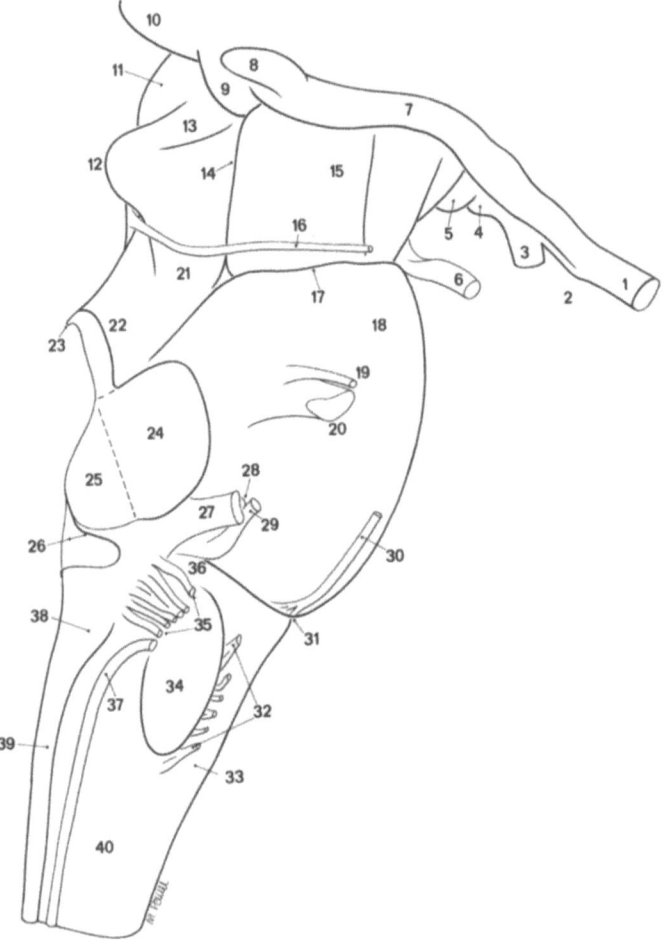

Abb. 21. Rechte Seitenansicht des Truncus encephalicus

1. Nervus opticus
2. Chiasma opticum
3. Infundibulum
4. Tuber cinereum
5. Corpus mamillare
6. Nervus oculomotorius
7. Tractus opticus
8. Corpus geniculatum laterale
9. Corpus geniculatum mediale
10. Pulvinar
11. Colliculus superior
12. Colliculus inferior
13. Brachium colliculi inferioris
14. Sulcus lateralis pedunculi cerebri
15. Pedunculus cerebri
16. Nervus trochlearis
17. Sulcus ponto-mesencephalicus
18. Pons
19. Nervus trigeminus: radix motoria
20. Nervus trigeminus: radix sensoria
21. Trigonum lemnisci
22. Pedunculus cerebelli superior
23. Velum medullare superius
24. Pedunculus cerebelli medius
25. Pedunculus cerebelli inferior (corpus restiforme)
26. Taenia et recessus lateralis ventriculi quarti
27. Nervus vestibulocochlearis
28. Nervus intermedius
29. Nervus facialis
30. Nervus abducens
31. Sulcus pontomedullaris
32. Nervus hypoglossus
33. Pyramis
34. Oliva
35. Nervi glossopharyngeus, vagus et accessorius
36. Fossula lateralis medullae oblongatae
37. Nervus accessorius: radices spinales
38. Tuberculum nuclei cuneati
39. Funiculus posterior
40. Funiculus lateralis

I Topographie und Oberflächenanatomie

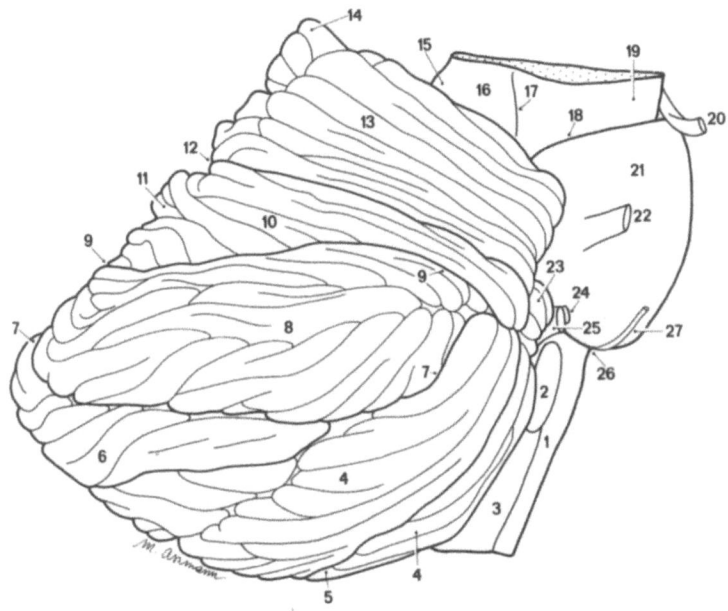

Abb. 22. Rechte Seitenansicht des Kleinhirns

1. Pyramis
2. Oliva
3. Funiculus lateralis medullae oblongatae
4. Lobulus biventer
5. Fissura intrabiventeris
6. Lobulus semilunaris inferior
7. Fissura horizontalis
8. Lobulus semilunaris superior
9. Fissura posterior superior
10. Lobulus simplex
11. Declive
12. Fissura prima
13. Lobulus quadrangularis
14. Culmen
15. Colliculus inferior
16. Lamina tecti
17. Sulcus lateralis pedunculi cerebri
18. Sulcus pontomesencephalicus
19. Pedunculus cerebri
20. Nervus oculomotorius
21. Pons
22. Nervus trigeminus
23. Flocculus
24. Nervus facialis
25. Nervus vestibulocochlearis
26. Sulcus pontomedullaris
27. Nervus abducens

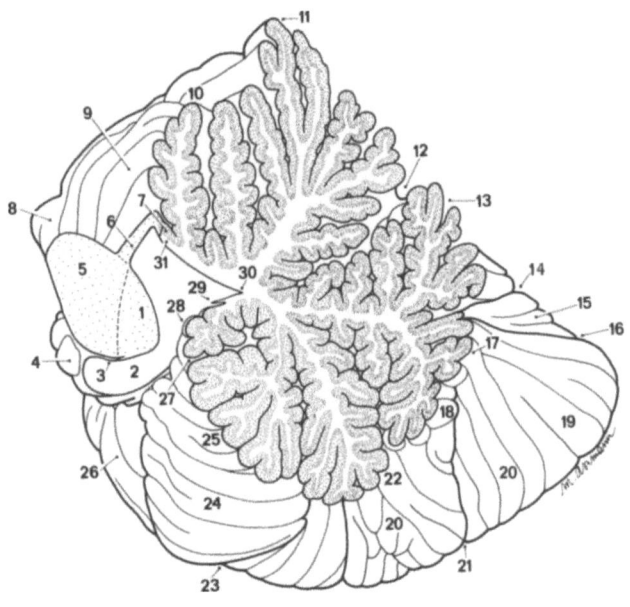

Abb. 23. Medianschnitt durch das Kleinhirn, rechte Seite

1. Pedunculus cerebellaris inferior
2. Pedunculus flocculi
3. Taenia ventriculi quarti
4. Flocculus
5. Pedunculus cerebellaris medius
6. Pedunculus cerebellaris superior
7. Lingula cerebelli
8. Lobulus quadrangularis
9. Ala lobuli centralis
10. Lobulus centralis
11. Culmen
12. Fissura prima
13. Declive
14. Fissura posterior superior
15. Lobulus semilunaris superior
16. Fissura horizontalis
17. Folium vermis
18. Tuber vermis
19. Lobulus semilunaris inferior
20. Lobulus biventer
21. Fissura intrabiventeris
22. Pyramis vermis
23. Fissura secunda
24. Tonsilla cerebelli
25. Uvula vermis
26. Lobulus biventer
27. Fissura posterolateralis (uvulonodularis)
28. Nodulus
29. Velum medullare inferius*
30. Recessus fastigialis ventriculi quarti
31. Velum medullare superius

* Teil der Taenia ventriculi quarti, im Bereich des Nodulus

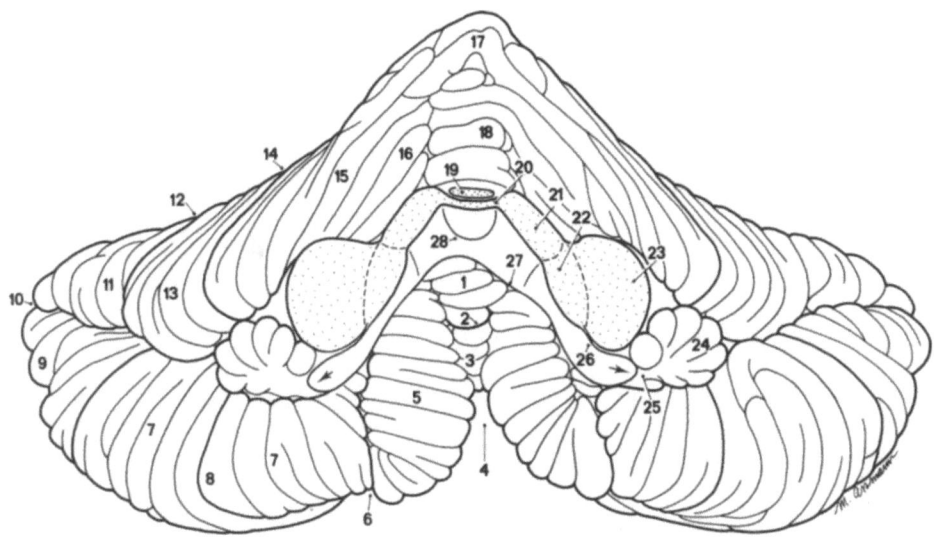

Abb. 24. Vorderansicht des Kleinhirns nach Abtragung der Kleinhirnstiele

1. Nodulus
2. Fissura posterolateralis (uvulonodularis)
3. Uvula vermis
4. Vallecula cerebelli
5. Tonsilla cerebelli
6. Fissura secunda
7. Lobulus biventer
8. Fissura intrabiventeris
9. Lobulus semilunaris inferior
10. Fissura horizontalis
11. Lobulus semilunaris superior
12. Fissura posterior superior
13. Lobulus simplex
14. Fissura secunda
15. Lobulus quadrangularis
16. Ala lobuli centralis
17. Culmen
18. Lobulus centralis
19. Lingula cerebelli
20. Velum medullare superius
21. Pedunculus cerebellaris superior
22. Pedunculus cerebellaris inferior
23. Pedunculus cerebellaris medius
24. Flocculus
25. Pedunculus flocculi
26. Taenia ventriculi quarti*
27. Velum medullare inferius
28. Recessus fastigialis ventriculi quarti

* Auf dem Pedunculus cerebellaris inferior gelegen, setzt sie sich in dem Pedunculus flocculi fort, wo sie den Recessus lateralis bildet (Pfeil).

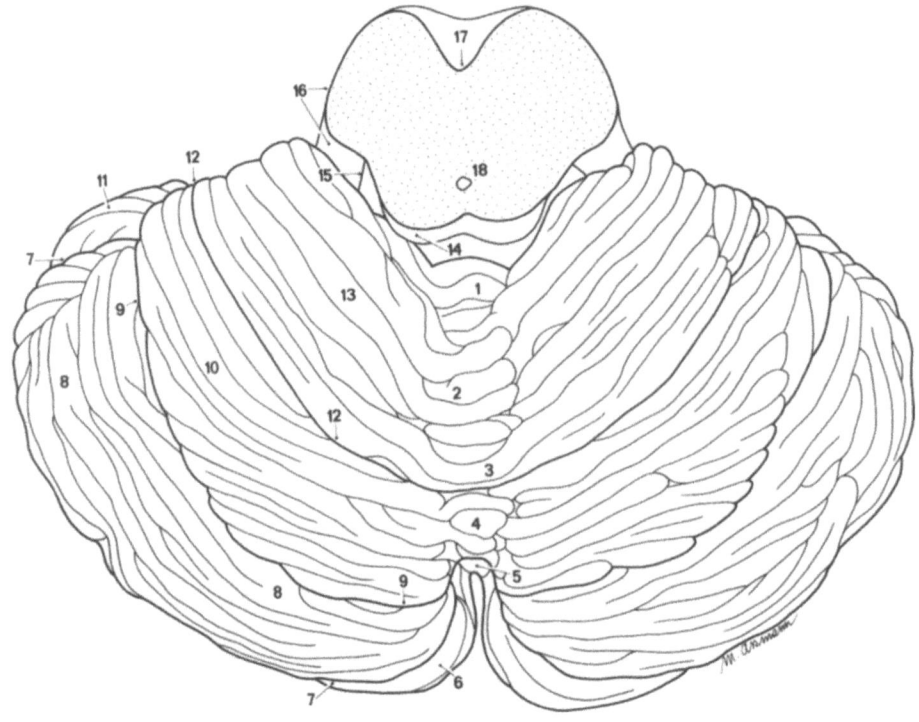

Abb. 25. Aufsicht auf das Kleinhirn

1. Lobulus centralis
2. Culmen
3. Declive
4. Folium vermis
5. Tuber vermis
6. Lobulus semilunaris inferior
7. Fissura horizontalis
8. Lobulus semilunaris superior
9. Fissura superior posterior
10. Lobulus simplex
11. Lobulus quadrangularis
12. Fissura prima
13. Lobulus biventer
14. Colliculus inferior
15. Sulcus lateralis cruris cerebri
16. Pedunculus cerebri
17. Fossa interpeduncularis
18. Aqueductus cerebri

I Topographie und Oberflächenanatomie

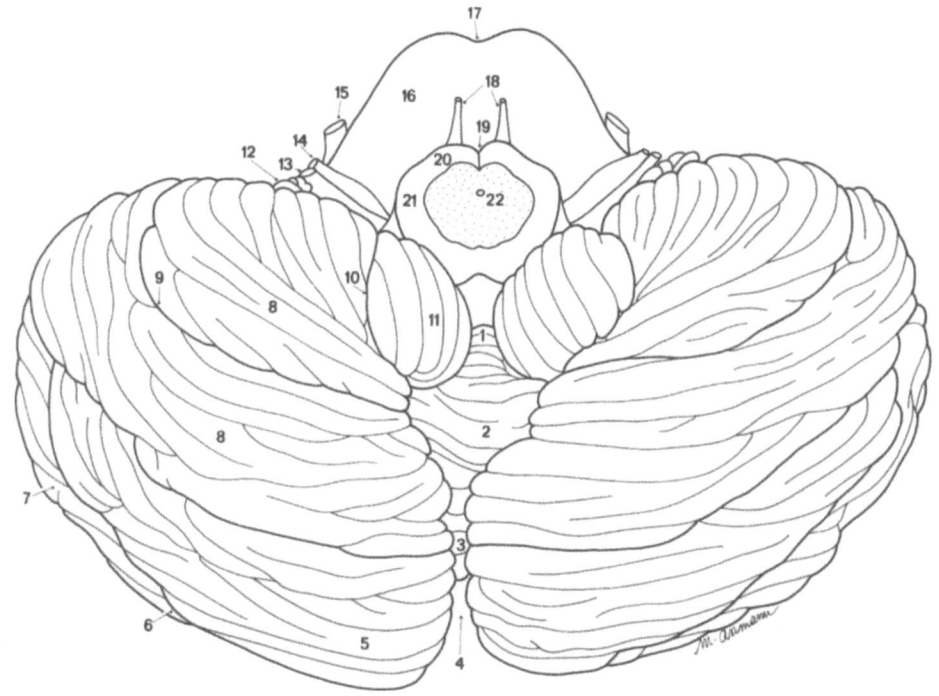

Abb. 26. Ansicht des Kleinhirns von unten

1. Nodulus
2. Uvula vermis
3. Pyramis vermis
4. Vallecula cerebelli
5. Lobulus semilunaris inferior
6. Fissura horizontalis
7. Lobulus semilunaris superior
8. Lobulus biventer
9. Fissura intrabiventeris
10. Fissura secunda
11. Tonsilla cerebelli
12. Flocculus
13. Nervus vestibulocochlearis
14. Nervus facialis
15. Nervus trigeminus
16. Pons
17. Sulcus basilaris
18. Nervus abducens
19. Fissura mediana
20. Pyramis
21. Funiculus lateralis
22. Medulla oblongata et canalis centralis

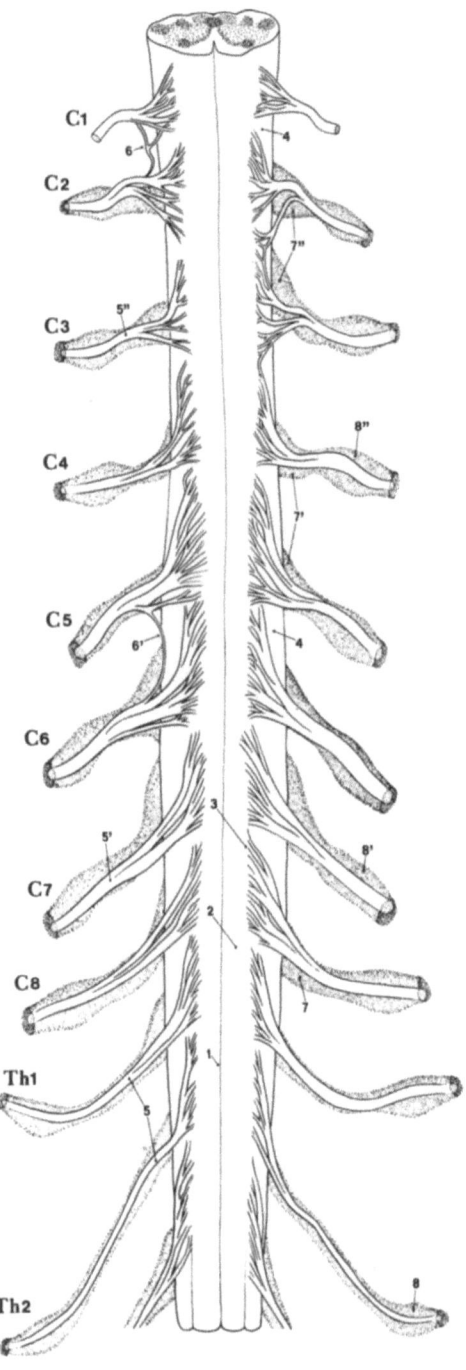

Abb. 27. Vorderansicht der Medulla spinalis (Halsmark, C_1–C_8, und obere Anteile des Brustmarkes, Th_1, Th_2)

1. Fissura mediana
2. Funiculus ventralis
3. Sulcus lateralis ventralis
4. Funiculus lateralis
5, 5' et 5". Radix ventralis nervi spinalis
6 et 6'. Filum radicularium anastomoticum
7, 7' et 7". Radix dorsalis nervi spinalis
8, 8' et 8". Ganglion spinale

C_1–C_8. Nervi cervicales
Th_1–Th_2. Nervi thoracici

I Topographie und Oberflächenanatomie

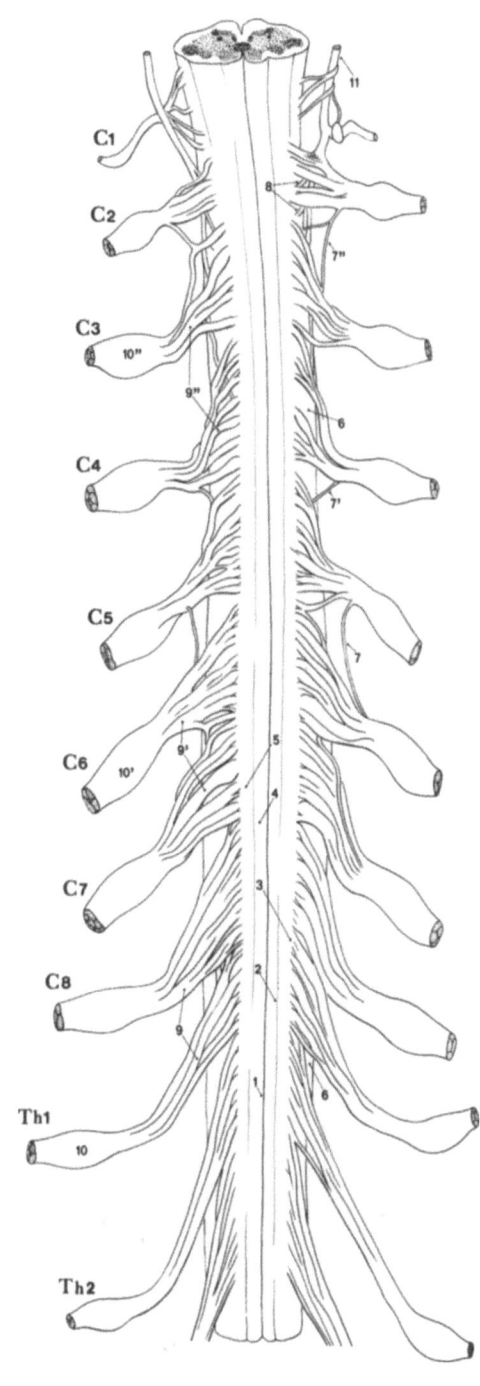

Abb. 28. Ansicht der Medulla spinalis von hinten (Halsmark, C_1–C_8, und obere Anteile des Brustmarkes, Th_1, Th_2)

1. Sulcus medianus
2. Sulcus intermedius dorsalis
3. Sulcus lateralis dorsalis
4. Fasciculus gracilis*
5. Fasciculus cuneatus*
6. Funiculus lateralis
7, 7' et 7". Filum radicularium anastomoticum
8. Fila nervi accessorii
9, 9' et 9". Radix dorsalis nervi spinalis
10, 10' et 10". Ganglion spinale
11. Radices spinales nervi accessorii

* Sie bilden gemeinsam den Funiculus dorsalis.

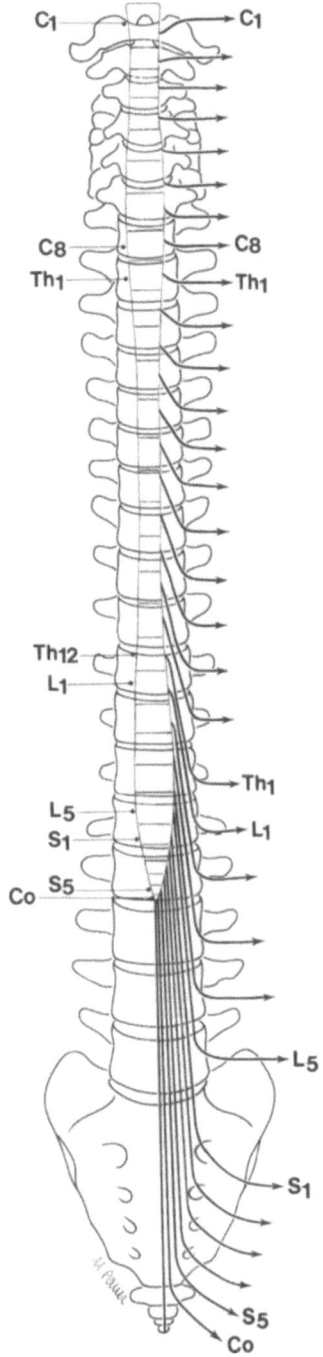

Abb. 29. Schematische Darstellung der Wirbelsäule und des Rückenmarkes mit Nervenaustrittsstellen von vorn

C_1–C_8	Nervi cervicales
Th_1–Th_{12}	Nervi thoracici
L_1–L_5	Nervi lumbales
S_1–S_5	Nervi sacrales
Co	Nervus coccygeus

* Auf der linken Seite sind die Rückenmarksegmente gekennzeichnet, auf der rechten die Verläufe und Austrittsstellen der Spinalnerven aus den Foramina intervertebralia und sacralia pelvina. Wegen des unterschiedlichen Wachstums des Rückenmarkes und der Wirbelsäule weicht die Topographie der Nervensegmente von der der Austrittsstellen der entsprechenden Spinalnerven ab.

II Arterielle Gefäßversorgung

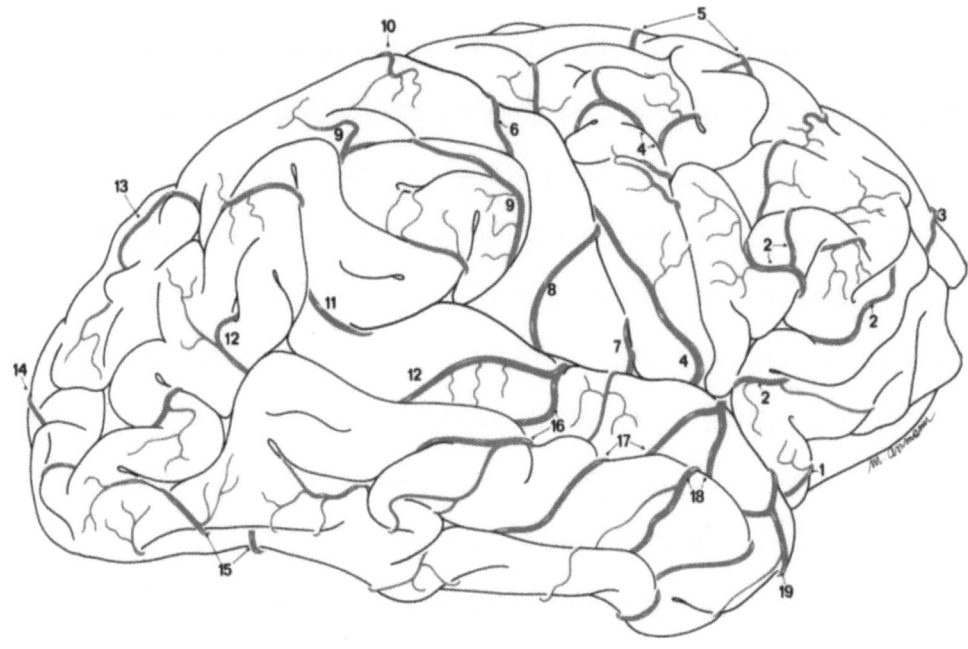

Abb. 30. Arterien der Facies superolateralis des Gehirns, rechte Seite

1. Arteria orbitofrontalis
2. Arteria prefrontalis
3. Arteria polaris frontalis
4. Arteria precentralis
5. Arteria frontalis medialis anterior
6. Arteria parietalis anterior: ramus centralis
7. Arteria centralis: ramus anterior
8. Arteria centralis: ramus posterior
9. Arteria parietalis anterior
10. Arteria frontalis medialis posterior
11. Arteria gyri angularis
12. Arteria temporooccipitalis
13. Arteria parietalis posterior
14. Arteria calcarina: ramus ad cuneum
15. Arteria occipitotemporalis
16. Arteria temporalis posterior
17. Arteria temporalis media
18. Arteria temporalis anterior
19. Arteria polaris temporalis

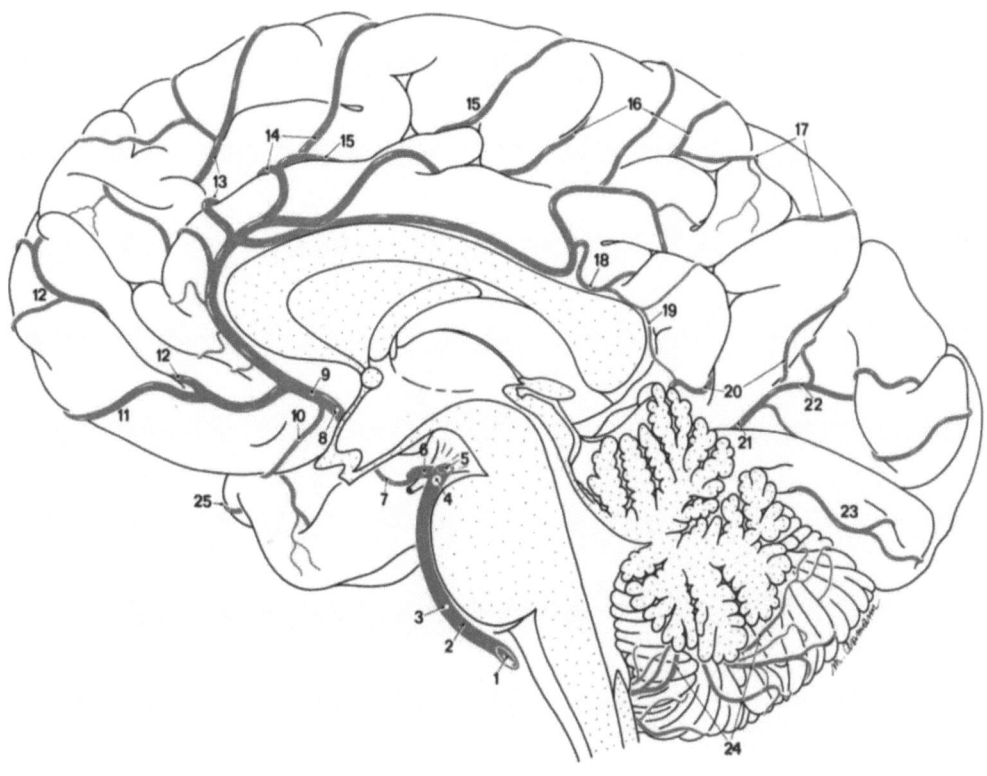

Abb. 31. Arterien der Facies medialis des Gehirns, rechte Seite

1. Arteria vertebralis sinistra
2. Arteria basilaris
3. Arteria cerebelli inferior anterior sinistra
4. Arteria cerebelli superior sinistra
5. Arteria cerebri posterior sinistra
6. Arteria cerebri posterior dextra
7. Arteria communicans posterior
8. Arteria communicans anterior
9. Arteria cerebri anterior
10. Arteria cerebri anterior: ramus orbitalis
11. Arteria orbitofrontalis anterior
12. Arteria polaris frontalis
13. Arteria frontalis medialis anterior
14. Arteria frontalis medialis media
15. Arteria frontalis medialis posterior
16. Arteriae paracentrales
17. Arteriae parietales mediales superiores
18. Arteria parietalis medialis inferior
19. Arteria pericallosa
20. Arteria calcarina: rami parietales
21. Arteria calcarina
22. Arteria calcarina: ramus occipitoparietalis
23. Arteria occipitotemporalis
24. Arteria cerebelli posterior inferior
25. Arteria polaris temporalis

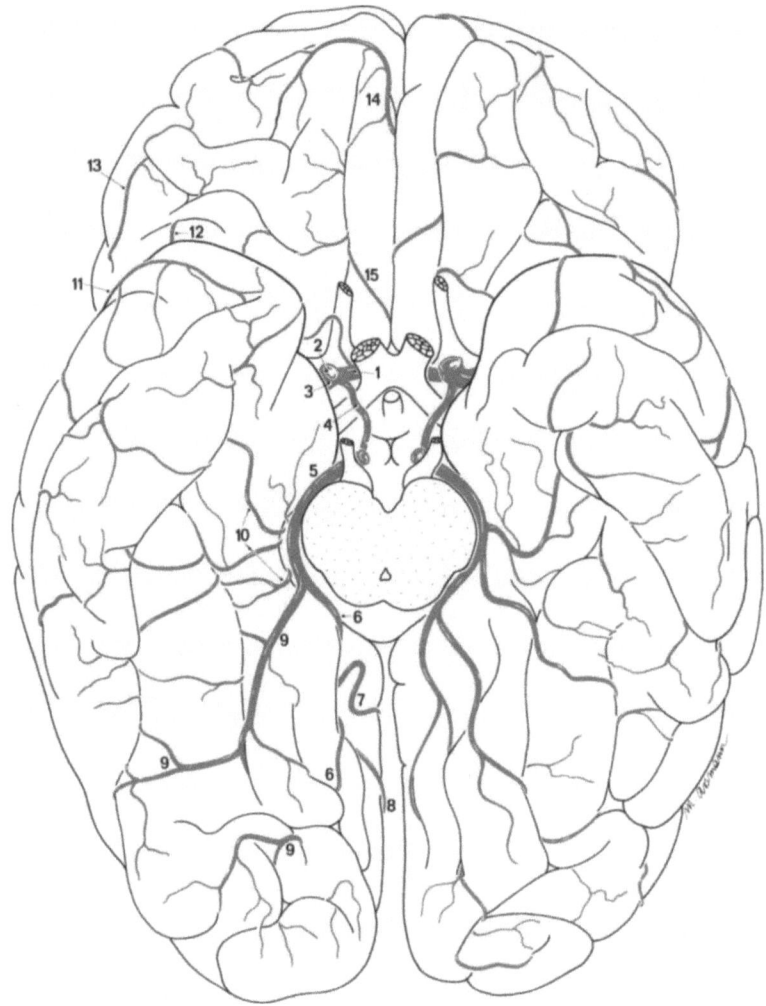

Abb. 32. Arterien der Facies inferior des Gehirns

1. Arteria cerebri anterior
2. Arteria carotis interna
3. Arteria cerebri media
4. Arteria communicans posterior
5. Arteria cerebri posterior
6. Arteria calcarina
7. Arteria calcarina: ramus parietalis
8. Arteria calcarina: ramus occipitoparietalis
9. Arteria occipitoparietalis
10. Arteriae temporales inferiores
11. Arteria polaris temporalis
12. Arteria cerebri media: ramus orbitofrontalis
13. Arteria prefrontalis
14. Arteria cerebri anterior: ramus orbitofrontalis
15. Arteria cerebri anterior: ramus orbitalis

II Arterielle Gefäßversorgung

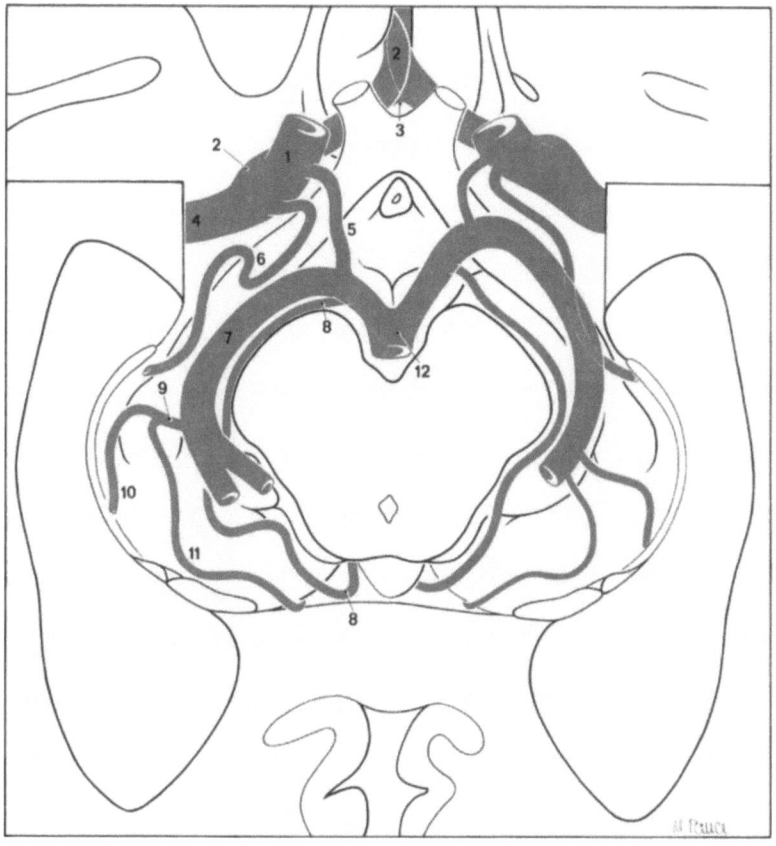

Abb. 33. Ansicht des Gehirns von unten. Circulus arteriosus cerebri (Willisi). Ursprung der Aa. choroideae.

1. Arteria carotis interna
2. Arteria cerebri anterior
3. Arteria communicans anterior
4. Arteria cerebri media
5. Arteria communicans posterior
6. Arteria choroidea anterior
7. Arteria cerebri posterior
8. Arteria choroidea posteromedialis
9. Truncus arteriae choroideae posterolateralis
10. Arteria choroidea posterolateralis inferior
11. Arteria choroidea posterolateralis superior
12. Arteria basilaris

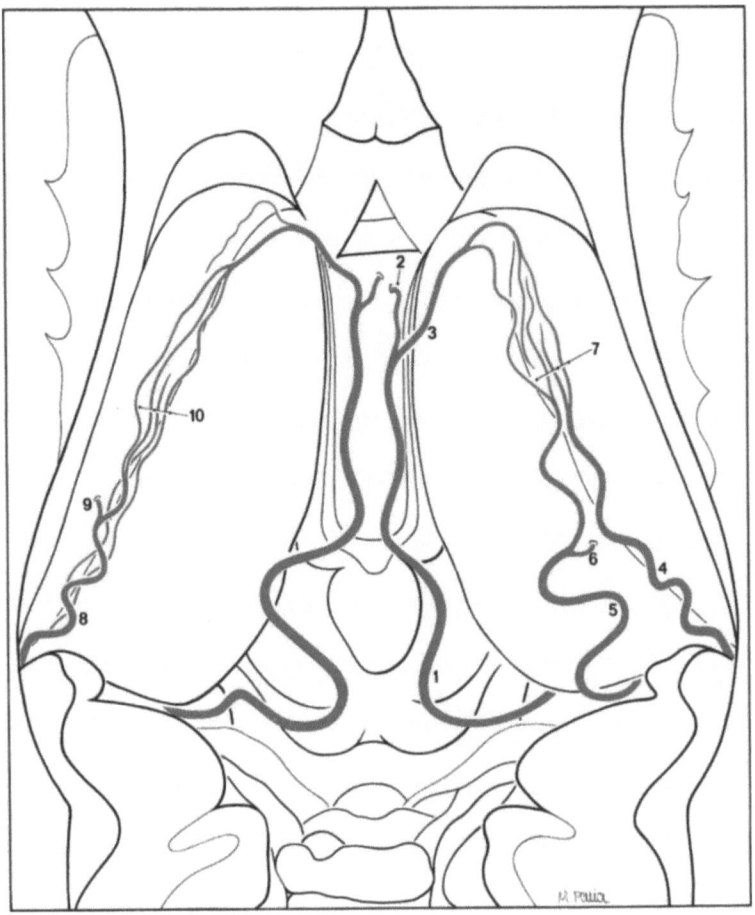

Abb. 34. Aufsicht auf das Dienzephalon. Schematische Darstellung der Aa. choroideae.

1. Arteria choroidea posteromedialis
2. Arteria choroidea posteromedialis: ramus medialis (→ tela choroidea ventriculi tertii)
3. Arteria choroidea posteromedialis: ramus lateralis (→ tela choroidea ventriculi lateralis)
4. Arteria choroidea posterolateralis inferior
5. Arteria choroidea posterolateralis superior
6. Ramus ad thalamum
7. Vasa anastomotica
8. Arteria choroidea anterior
9. Ramus ad thalamum
10. Vasa anastomotica

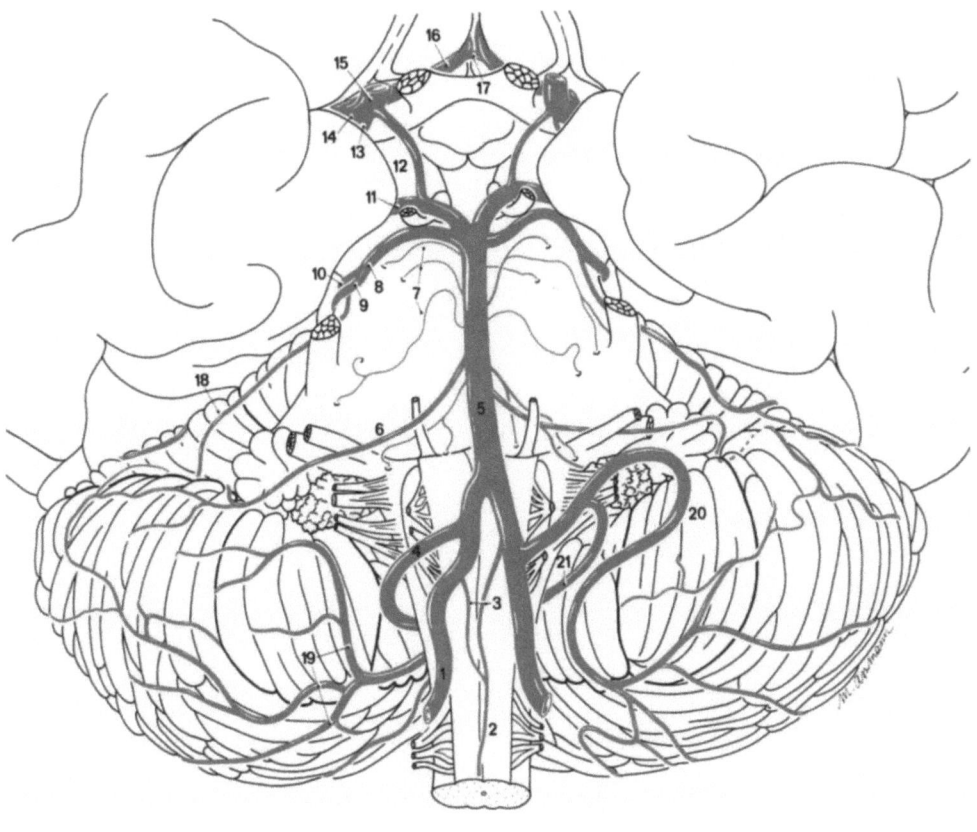

Abb. 35. Arterien der Facies anterior des Truncus encephalicus des Kleinhirns. Circulus arteriosus cerebri (Willisi).

1. Arteria vertebralis
2. Arteria spinalis anterior
3. Arteria vertebralis: rami spinales anteriores
4. Arteria cerebelli inferior posterior
5. Arteria basilaris
6. Arteria cerebelli inferior anterior
7. Arteria basilaris: rami ad pontem
8. Arteria cerebelli superior
9. Arteria cerebelli superior: ramus lateralis (→ hemispherium)
10. Arteria cerebelli superior: ramus medialis (→ vermis)
11. Arteria cerebri posterior
12. Arteria communicans posterior
13. Arteria choroidea anterior
14. Arteria cerebri media
15. Arteria carotis interna
16. Arteria cerebri anterior
17. Arteria communicans anterior
18. Arteria cerebelli superior: ramus marginalis
19. Arteria cerebelli inferior posterior: rami ad hemispherium
20. Arteria cerebelli inferior posterior: ramus medialis (→ vermis)*
21. Arteria cerebelli inferior posterior: ramus lateralis (→ hemispherium)*

* Variation

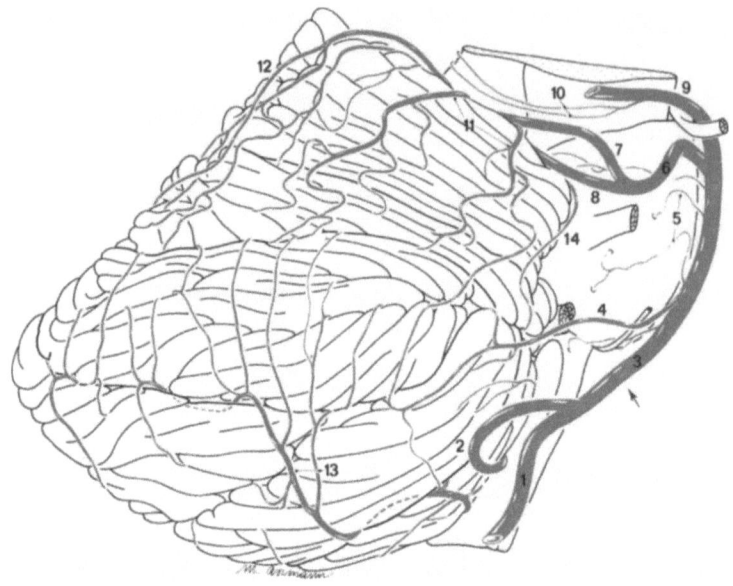

Abb. 36. Arterien der Facies lateralis des Kleinhirns und des Truncus encephalicus, rechte Seite

1. Arteria vertebralis dextra*
2. Arteria cerebelli inferior posterior
3. Arteria basilaris
4. Arteria cerebelli inferior anterior
5. Arteria basilaris: rami ad pontem
6. Arteria cerebelli superior
7. Arteria cerebelli superior: ramus medialis (→ vermis)
8. Arteria cerebelli superior: ramus lateralis (→ hemispherium)
9. Arteria cerebri posterior
10. Arteriae laminae tecti
11. Arteria cerebelli superior: rami ad hemispherium
12. Arteria cerebelli superior: rami ad vermis
13. Arteria cerebelli inferior posterior: rami ad hemispherium
14. Arteria cerebelli superior: ramus marginalis

* Sie bildet in Höhe des Pfeiles gemeinsam mit der A. vertebralis sinistra die A. basilaris

II Arterielle Gefäßversorgung

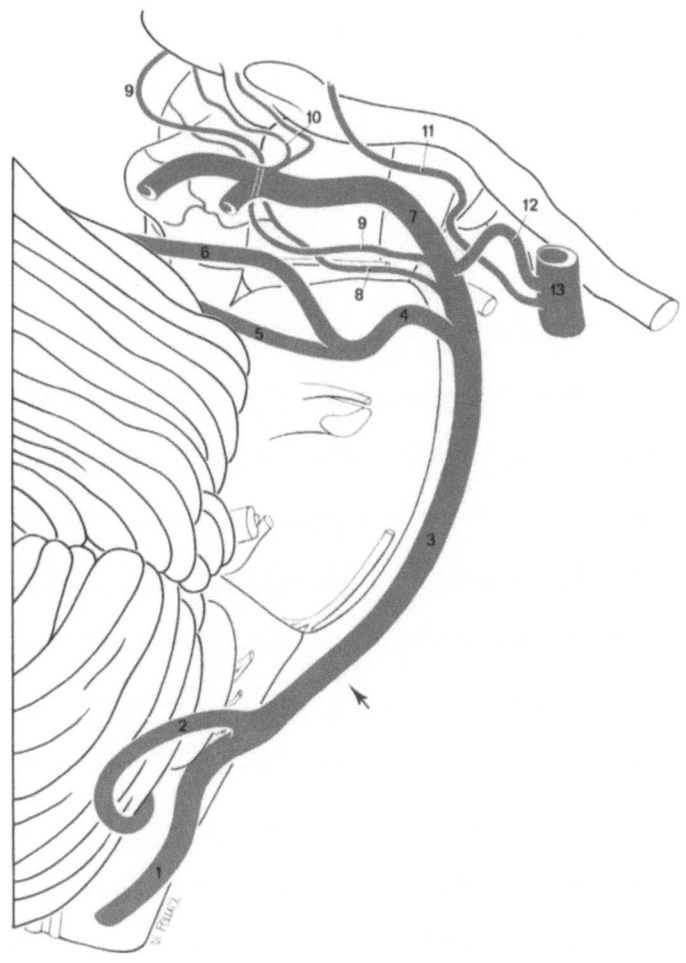

Abb. 37. Seitenansicht des Truncus encephalicus. Schematische Darstellung des Ursprunges der Aa. choroideae. Rechte Seite.

1. Arteria vertebralis
2. Arteria cerebelli posterior inferior
3. Arteria basilaris*
4. Arteria cerebelli superior
5. Arteria cerebelli superior: ramus lateralis (→ hemispherium)
6. Arteria cerebelli superior: ramus medialis (→ vermis)
7. Arteria cerebri posterior
8. Arteria collicularis
9. Arteria choroidea posteromedialis
10. Arteria choroidea posterolateralis
11. Arteria choroidea anterior
12. Arteria communicans posterior
13. Arteria carotis interna

* Der Pfeil markiert den Beginn der A. basilaris.

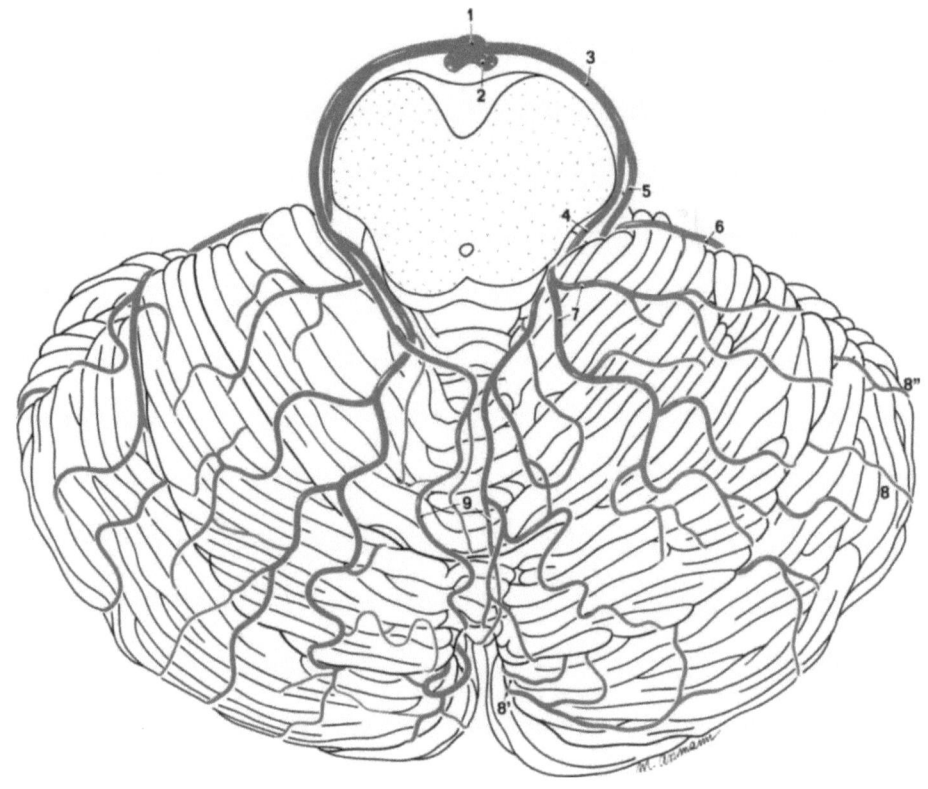

Abb. 38. Arterien der Facies superior des Kleinhirns

1. Arteria basilaris
2. Arteria cerebri posterior
3. Arteria cerebri superior
4. Arteria cerebelli superior: ramus medialis (→ vermis)
5. Arteria cerebelli superior: ramus lateralis (→ hemispherium)
6. Arteria cerebelli superior: ramus marginalis
7. Rami ad hemispherium
8, 8' et 8". Arteria cerebelli inferior posterior: rami ad hemispherium
9. Arteria cerebelli superior: rami ad vermis

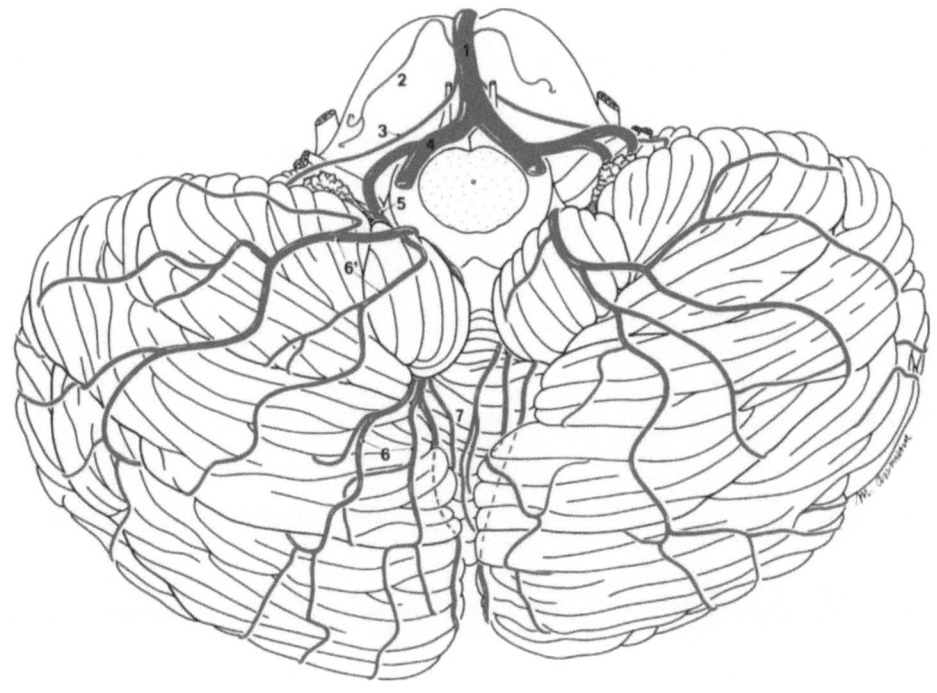

Abb. 39. Arterien der Facies inferior des Kleinhirns

1. Arteria basilaris
2. Arteria basilaris: ramus ad pontem
3. Arteria cerebelli inferior anterior
4. Arteria vertebralis
5. Arteria cerebelli inferior posterior
6 et 6'. Arteria cerebelli inferior posterior: rami ad hemispherium
7. Arteria cerebelli inferior posterior: rami ad vermis

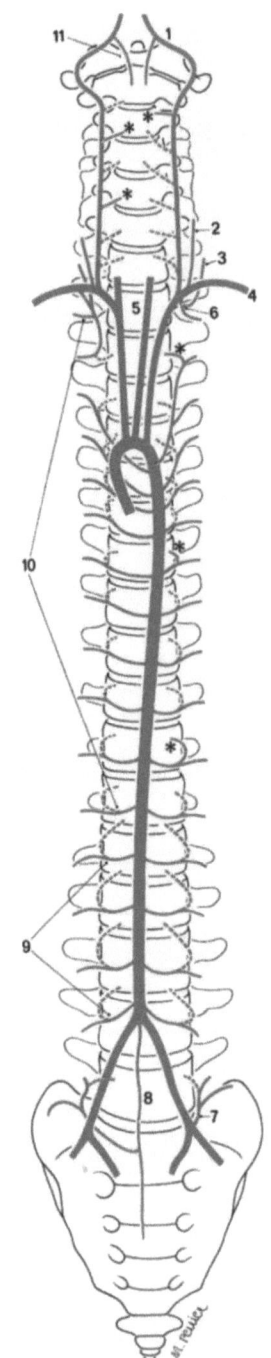

Abb. 40. Schematische Darstellung der Ursprungsarterien, die das Rückenmark versorgen

Die Aa. radiculares, die das Rückenmark erreichen können, haben ihren Ursprung in den Aa. vertebrales, intercostales oder lumbales, den Aa. cervicales ascendentes, cervicales profundae, iliolumbales. Die Ursprünge der Aa. radiculares anteriores (vgl. Abb. 41) sind mit * markiert.

1. Arteria vertebralis
2. Arteria cervicalis ascendens
3. Arteria cervicalis profunda
4. Arteria subclavia
5. Arteria carotis communis
6. Truncus costocervicalis
7. Arteria iliolumbalis
8. Arteria sacralis mediana
9. Arteriae lumbales
10. Arteriae intercostales posteriores
11. Ramus spinalis anterior

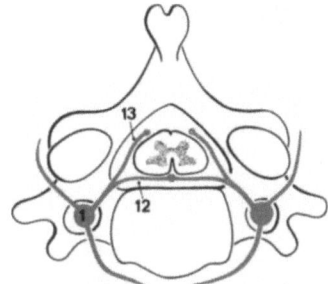

12. Arteria radicularis anterior
13. Arteria radicularis posterior

Abb. 40a. Darstellung der arteriellen Hauptstämme im Halsbereich

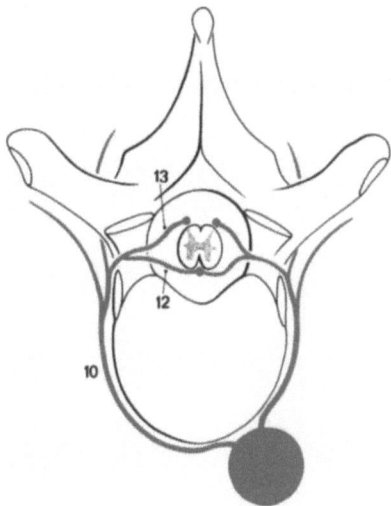

Abb. 40b. Darstellung der arteriellen Hauptstämme im unteren Thorakalbereich

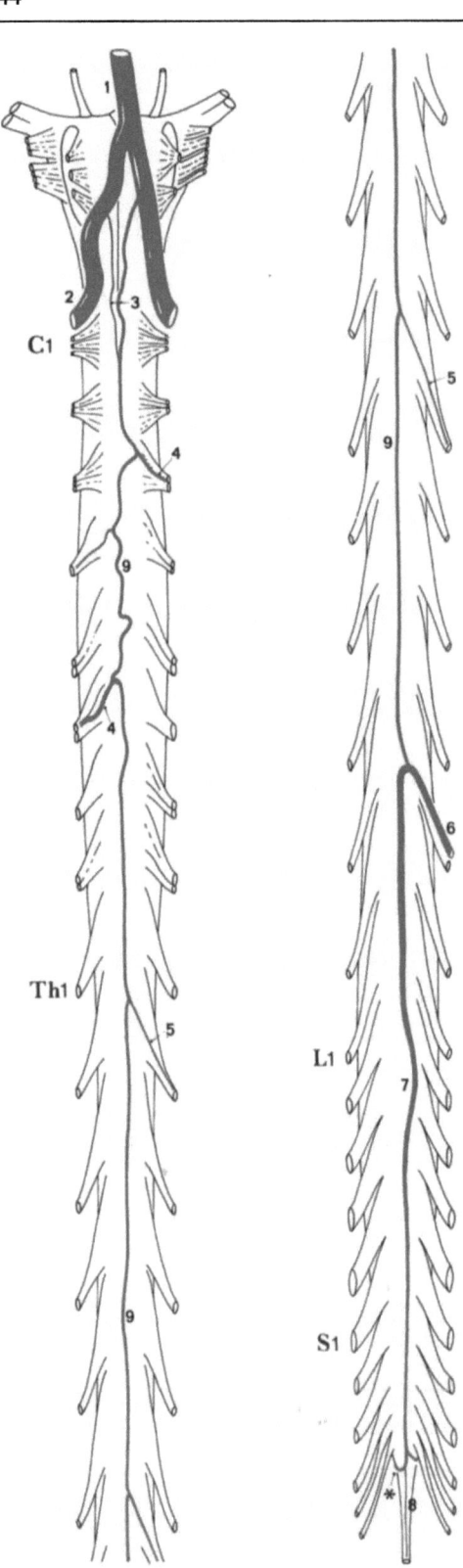

Abb. 41. Schematische Darstellung der arteriellen Versorgung der Rückenmarks-Vorderseite

1. Arteria basilaris
2. Arteria vertebralis
3. Arteria vertebralis: rami spinales anteriores dexter et sinister
4. Arteria vertebralis: arteria radicularis anterior
5. Arteria intercostalis: arteria radicularis anterior
6. Arteria intercostalis: arteria radicularis magna
7. Arteria fili terminalis
8. Arteria spinalis anterior

* Rami cruciantes = Verbindung zu dem hinteren Versorgungssystem

II Arterielle Gefäßversorgung

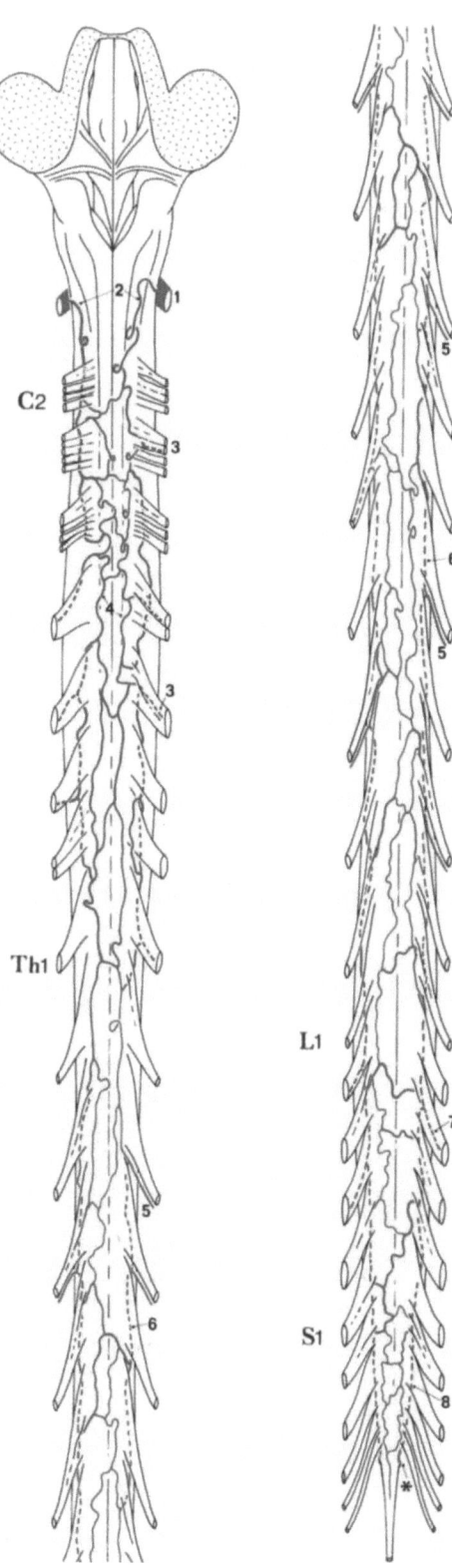

Abb. 42. Schematische Darstellung der arteriellen Versorgung der Rückenmarks-Hinterseite

1. Arteria vertebralis
2. Arteria vertebralis: rami spinales posteriores dexter et sinister
3. Arteria vertebralis: arteria radicularis posterior
4. Arteria spinalis posterior: pars cervicalis
5. Arteria intercostalis: arteria radicularis posterior
6. Arteria spinalis posterior: pars thoracica
7. Arteria lumbalis: arteria radicularis posterior
8. Arteria spinalis posterior: pars lumbosacralis

* Verbindung zu dem vorderen Versorgungssystem

III Venöse Gefäßversorgung

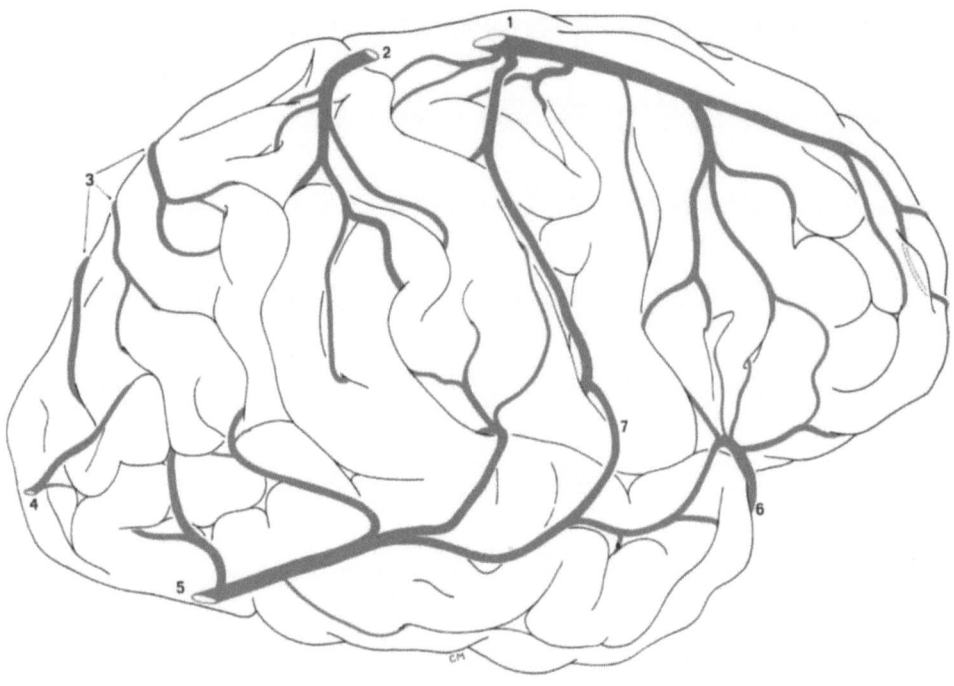

Abb. 43. Venen der Facies superolateralis des Gehirns, rechte Seite

1. Vena cerebri superior frontalis (→ sinus sagittalis superior)
2. Vena cerebri superior parietalis (→ sinus sagittalis superior)
3. Venae cerebri superiores occipitoparietales (→ sinus sagittalis superior)
4. Vena polaris occipitalis (→ sinus transversalis)
5. Vena cerebri superior temporalis (→ sinus transversalis)
6. Vena cerebri media superficialis (→ sinus cavernosus)
7. Vena anastomotica

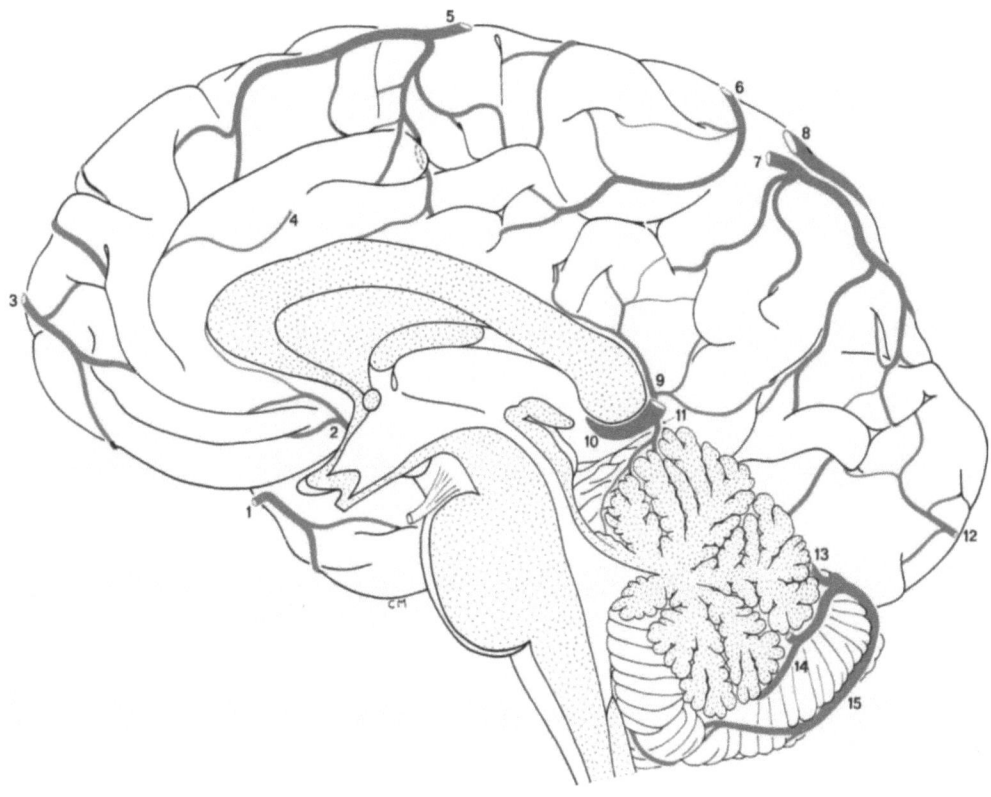

Abb. 44. Venen der Facies medialis des Gehirns, rechte Seite

1. Vena polaris temporalis
   (→ sinus cavernosus)
2. Vena cerebri anterior
3. Vena polaris frontalis*
4. Vena sulci cinguli
   (→ sinus sagittalis
   inferior)
5. Vena cerebri medialis
   frontalis*
6. Vena cerebri medialis
   frontocingularis*
7. Vena cerebri medialis
   occipitoparietalis*
8. Vena cerebri superior
   occipitoparietalis*
9. Vena pericallosa
10. Vena cerebri magna
11. Vena cerebelli emissaria
12. Vena polaris occipitalis*
13. Vena cerebelli anastomotica
14. Vena vermis inferior
15. Vena inferior hemispheri
    cerebellaris

* In den Sinus sagittalis superior mündende Venen

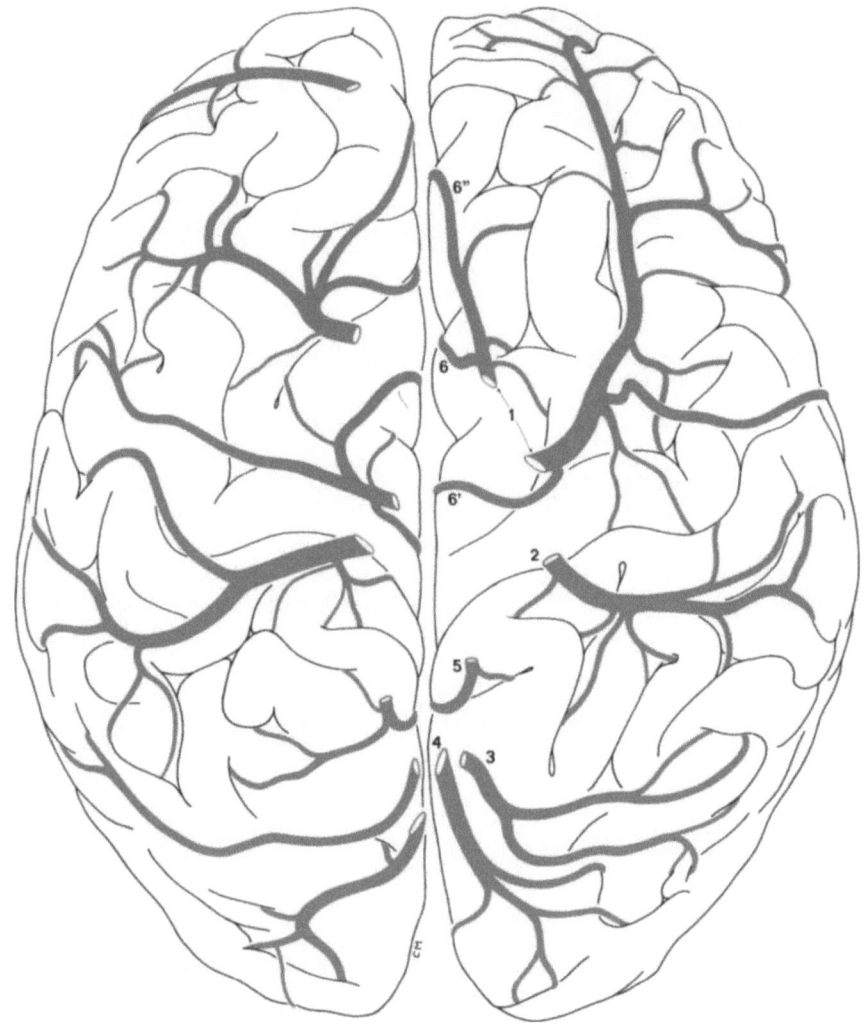

Abb. 45. Venen der Facies superior des Gehirns

1. Venae cerebri superiores frontales*
2. Vena cerebri superior parietalis*
3. Vena cerebri occipitoparietalis superior*
4. Vena cerebri occipitoparietalis medialis
5. Vena cerebri medialis parietalis*
6, 6' et 6". Venae cerebri mediales frontales*

* Alle auf dieser Abbildung dargestellten Venen münden in den Sinus sagittalis superior.

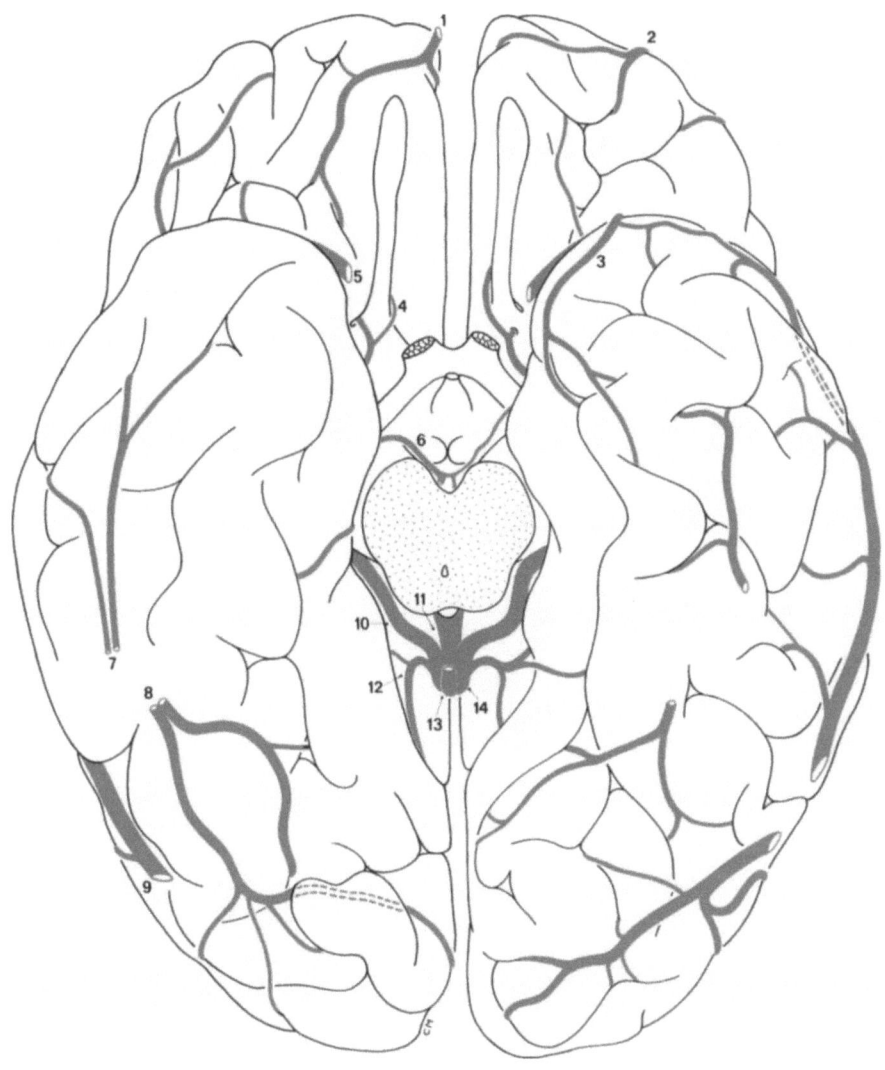

Abb. 46. Venen der Facies inferior des Gehirns nach Abtragung des Truncus encephalicus

1. Vena polaris frontalis
2. Vena polaris frontalis
   (→ venae cerebri superiores frontales)
3. Vena polaris temporalis
   (→ vena cerebri media superficialis)
4. Vena sulci olfactorii
5. Vena cerebri media superficialis
6. Vena pontomesencephalica anterior
7. Venae cerebri inferiores temporales (→ sinus sigmoideus)
8. Vena cerebri inferiores occipitotemporales
   (→ sinus sigmoideus)
9. Vena cerebri superior temporalis
10. Vena basilaris
11. Vena cerebri interna
12. Vena medialis occipitotemporalis
13. Vena emissaria cerebelli
14. Vena cerebri magna

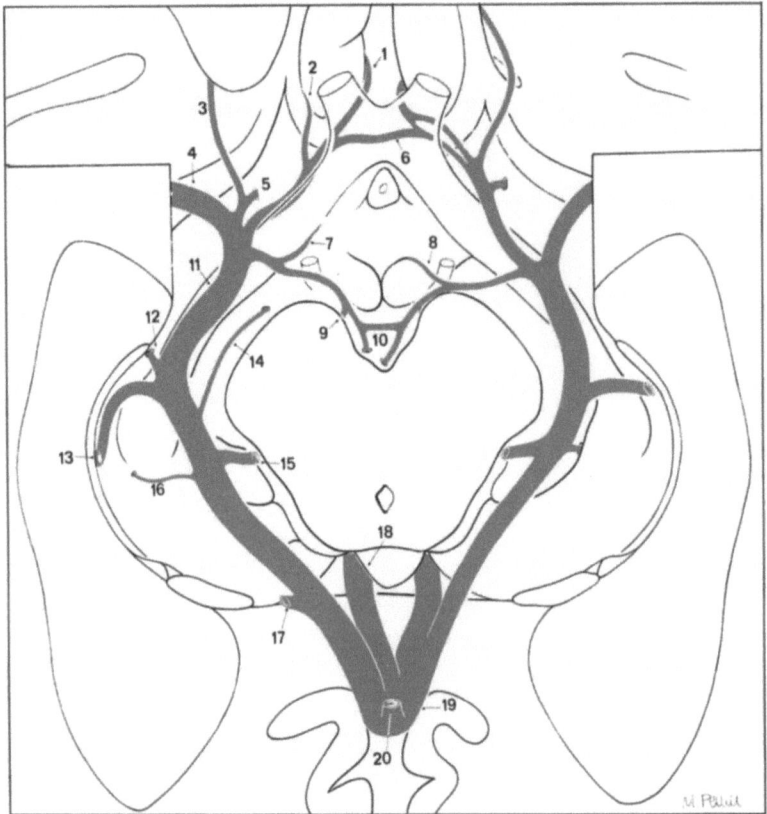

Abb. 47. Venen der Unterseite des Gehirns (Circulus venosus cerebri). Bildung der V. basalis.

1. Vena cerebri anterior
2. Vena sulci olfactorii
3. Vena cerebri inferior frontalis
4. Vena cerebri media profunda
5. Vena striata inferior
6. Vena communicans anterior
7. Vena hypothalami anterior
8. Vena hypothalami posterior
9. Vena anastomotica (→ venae pontis)
10. Venae substantiae perforatae posterioris et vena communicans posterior
11. Vena basalis
12. Vena ventricularis inferior
13. Vena choroidoventricularis inferior
14. Vena pedunculi cerebri
15. Vena mesencephali lateralis
16. Vena corporis geniculati
17. Vena cerebri medialis occipitotemporalis
18. Vena cerebri interna
19. Vena cerebri magna
20. Vena cerebelli emissaria

III Venöse Gefäßversorgung

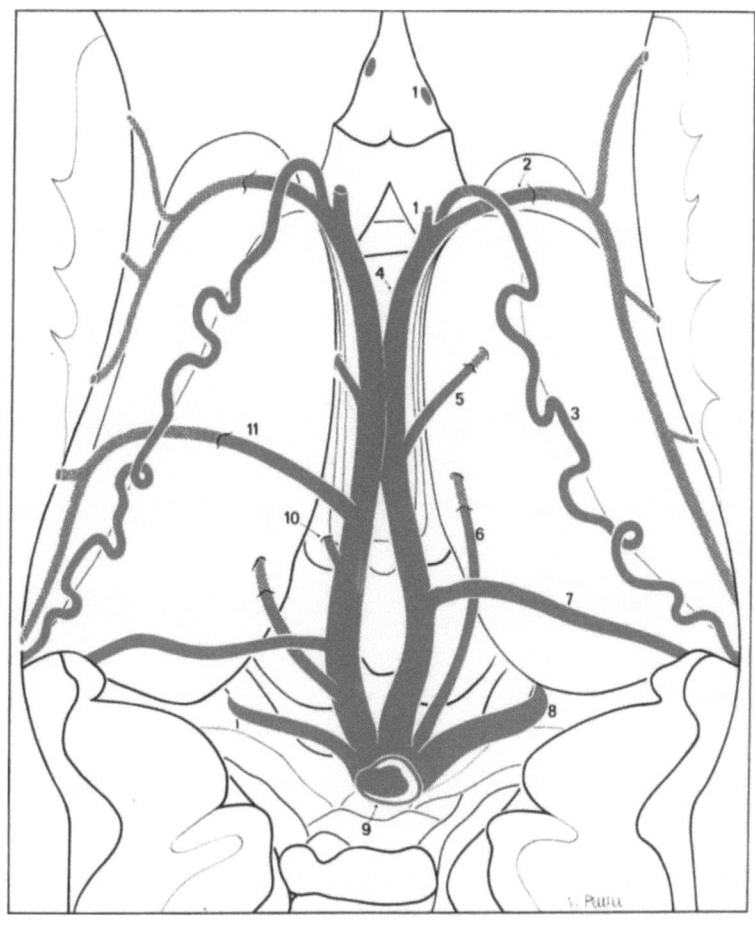

Abb. 48. Aufsicht auf das Dienzephalon. Schematische Darstellung der Vv. cerebri internae.

1. Vena septi pellucidi
2. Vena thalamostriata
3. Vena choroidea superior
4. Vena cerebri interna
5. Vena thalami superior
6. Vena thalami posterior
7. Vena ventriculi lateralis posterior
8. Vena basalis
9. Vena cerebri magna
10. Vena habenulae
11. Vena lateralis recta

Abb. 49. Venen der Facies anterior der Medulla oblongata und des Rhombenzephalons. Circulus venosus cerebri.

1. Vena communicans anterior
2. Vena cerebri anterior
3. Vena striata
4. Vena sulci olfactorii
5. Vena cerebri media profunda
6. Vena hypothalami anterior
7. Vena hypothalami posterior
8. Vena pontomesencephalica anterior
9. Vena basalis
10. Vena pontis transversalis
11. Vena petrosa
12. Vena cerebelli superior
13. Vena cerebelli anterior
14. Vena fissurae horizontalis
15. Vena fissurae secundae
16. Vena tonsillae anterior
17. Vena recessus lateralis ventriculi quarti
18. Vena corporis restiformis
19. Vena medullopontica
20. Vena olivae posterior
21. Vena olivae anterior
22. Vena medullae media anterior
23. Vena emissaria (→ sinus petrosus inferior)
24. Vena emissaria (→ sinus sigmoideus)

III Venöse Gefäßversorgung

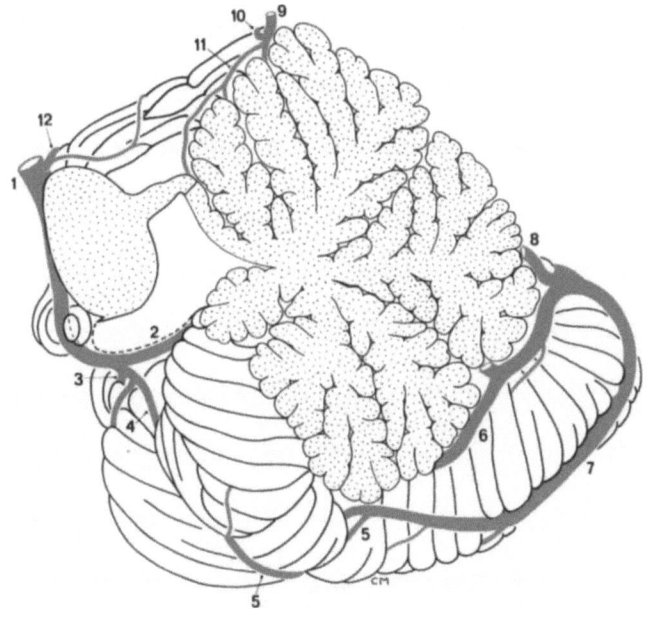

Abb. 50. Venen der Facies medialis des Kleinhirns, rechte Seite

1. Vena petrosa
2. Vena recessus lateralis ventriculi quarti*
3. Vena fissurae secundae
4. Vena tonsillae anterior
5. Vena tonsillae posterior
6. Vena vermis inferior
7. Vena cerebelli inferior
8. Vena anastomotica**
9. Vena emissaria (→ vena cerebri magna)
10. Vena vermis inferior
11. Vena precentralis
12. Vena cerebelli inferior

* Sie erstreckt sich längs der unteren Grenze des Recessus lateralis (gestrichelte Linie).
** Sie verbindet die Vv. cerebellares der rechten und linken Seite.

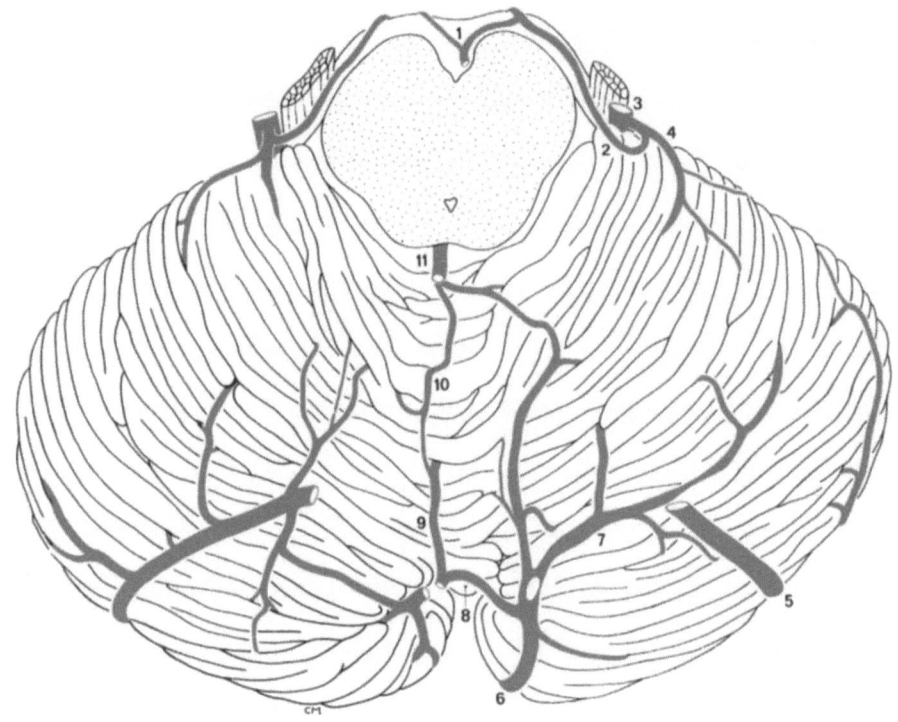

Abb. 51. Venen der Facies superior des Kleinhirns

1. Vena pontomesencephalica anterior
2. Vena pontis transversa
3. Vena petrosa
4. Vena cerebelli superior
5. Vena cerebelli inferior
 (→ sinus rectus)
6. Vena cerebelli inferior
 (→ sinus transversus)
7. Vena cerebelli superior
 (→ sinus transversus)
8. Vena anastomotica
9. Vena vermis superior
 (→ sinus lateralis)
10. Vena vermis superior
 (→ vena cerebri magna)
11. Vena emissaria
 (→ vena cerebri magna)

III Venöse Gefäßversorgung

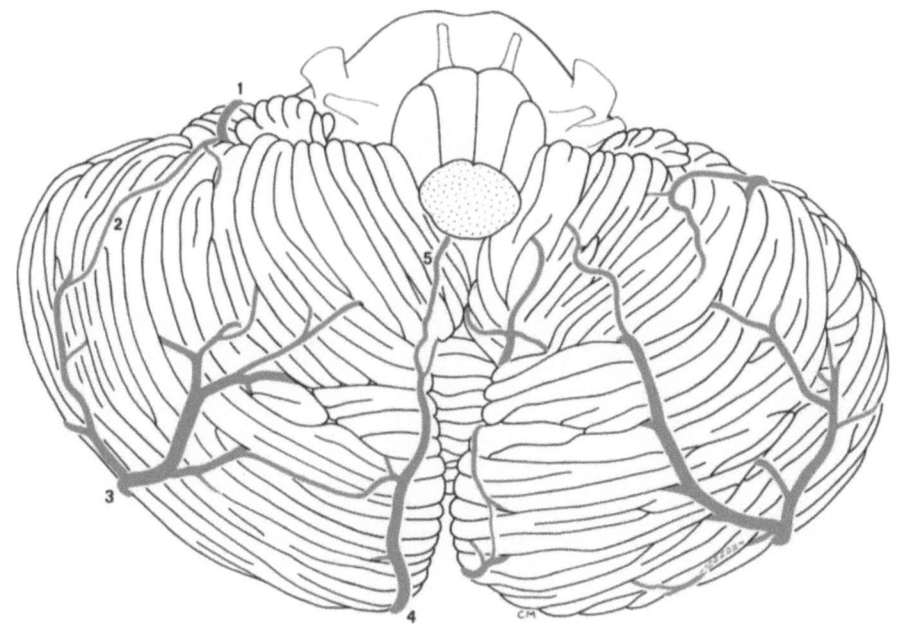

Abb. 52. Venen der Facies inferior des Kleinhirns

1. Vena cerebelli anterior
   (→ vena petrosa)
2. Vena anastomotica
3. Vena cerebelli inferior
   (→ sinus rectus)
4. Vena cerebelli inferior
   (→ sinus transversus)
5. Vena tonsillae inferior

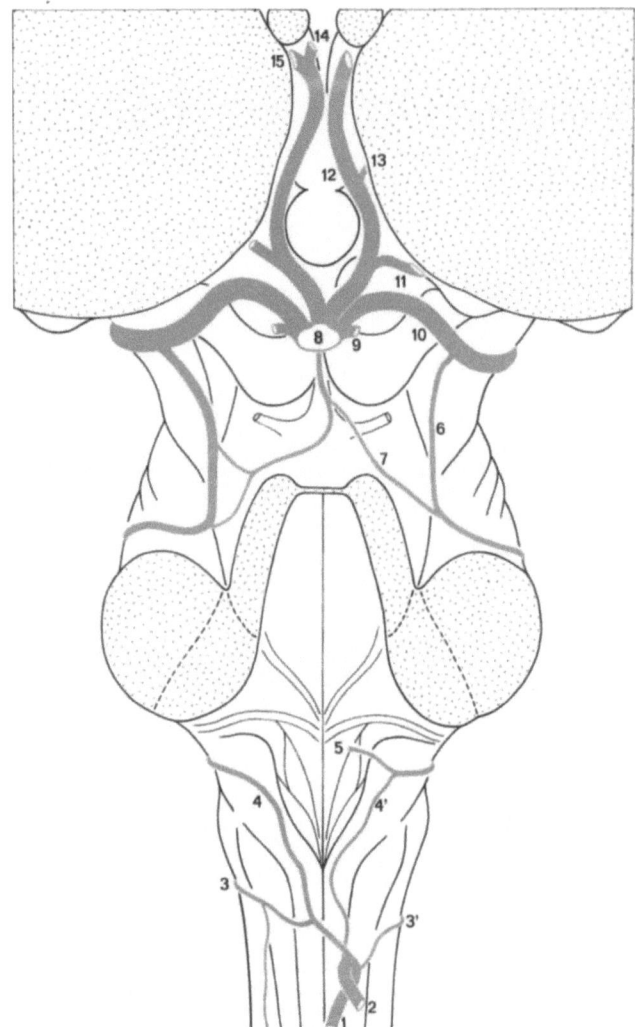

Abb. 53. Schematische Darstellung der Venen der Facies posterior des Truncus encephalicus. Bildung der V. cerebri magna (Galeni).

1. Vena medullae posterior mediana
2. Vena emissaria (→ sinus occipitalis)
3 et 3'. Vena anastomotica
4 et 4'. Vena corporis restiformis
5. Vena choroidea
6. Vena mesencephali lateralis
7. Vena pedunculi cerebellaris superii
8. Vena cerebri magna
9. Vena cerebri medialis occipitalis
10. Vena basalis
11. Vena ventriculi lateralis posterior
12. Vena cerebri interna
13. Vena thalami
14. Vena septi pellucidi
15. Vena thalamostriata

III Venöse Gefäßversorgung

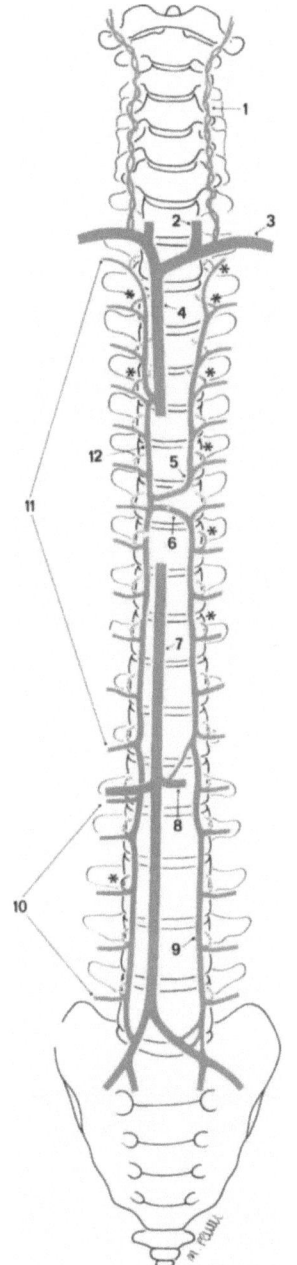

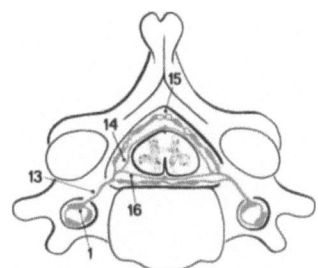

Abb. 54a. Venöser Abfluß im Halsbereich

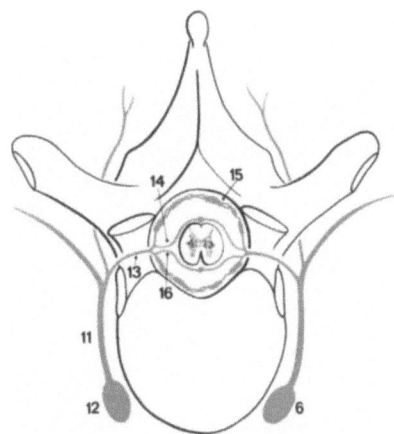

Abb. 54b. Venöser Abfluß im unteren Thorakalbereich

Abb. 54. Schematische Darstellung der Sammelvenen des Rückenmarkes

Die Vv. radiculares verteilen das Blut über die Vv. vertebrales, intercostales und lumbales. Die in Abb. 55 dargestellten Vv. radiculares anteriores münden in die mit * markierten Gefäße.

1. Venae vertebrales
2. Vena jugularis interna
3. Vena brachiocephalica
4. Vena cava superior
5. Vena hemiazygos accessoria
6. Vena hemiazygos
7. Vena cava inferior
8. Vena renalis
9. Vena lumbalis ascendens
10. Venae lumbales
11. Venae intercostales posteriores
12. Vena azygos
13. Vena intervertebralis
14. Vena radicularis posterior
15. Plexus venosus vertebralis internus
16. Vena radicularis anterior

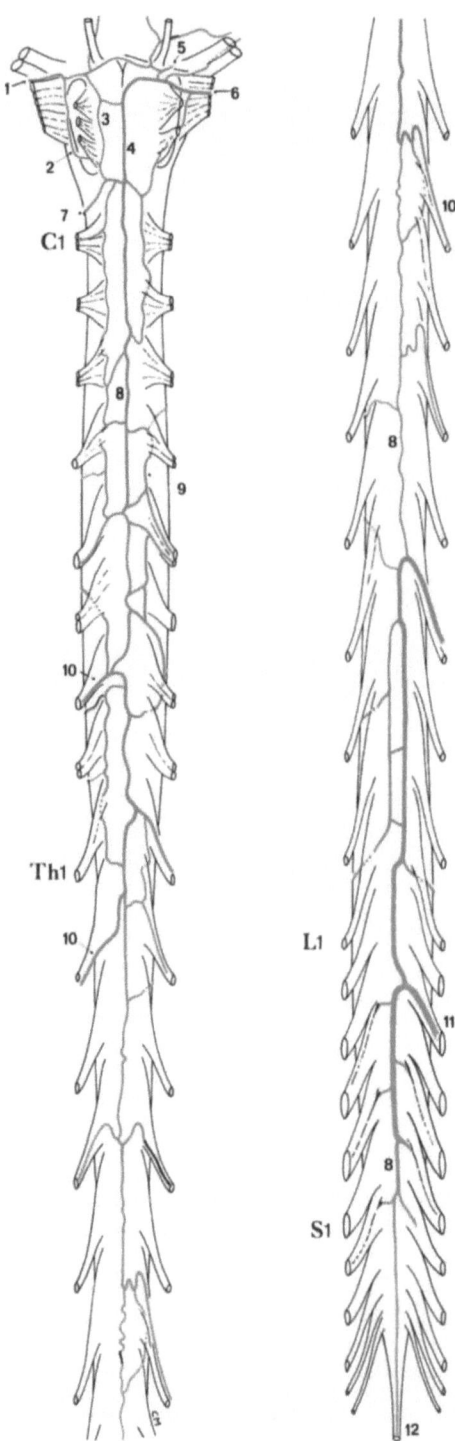

Abb. 55. Schematische Darstellung der Venen der Facies anterior der Medulla oblongata und spinalis

1. Vena medullopontica
2. Vena olivae posterior
3. Vena olivae anterior
4. Vena medullae anterior media
5. Vena emissaria (→ sinus petrosus inferior)
6. Vena emissaria (→ sinus sigmoideus)
7. Vena anastomotica (→ venae medullares posteriores)
8. Vena spinalis anterior mediana
9. Vena spinalis anterior lateralis
10. Vena radicularis anterior
11. Vena radicularis magna anterior
12. Vena fili terminalis

III Venöse Gefäßversorgung

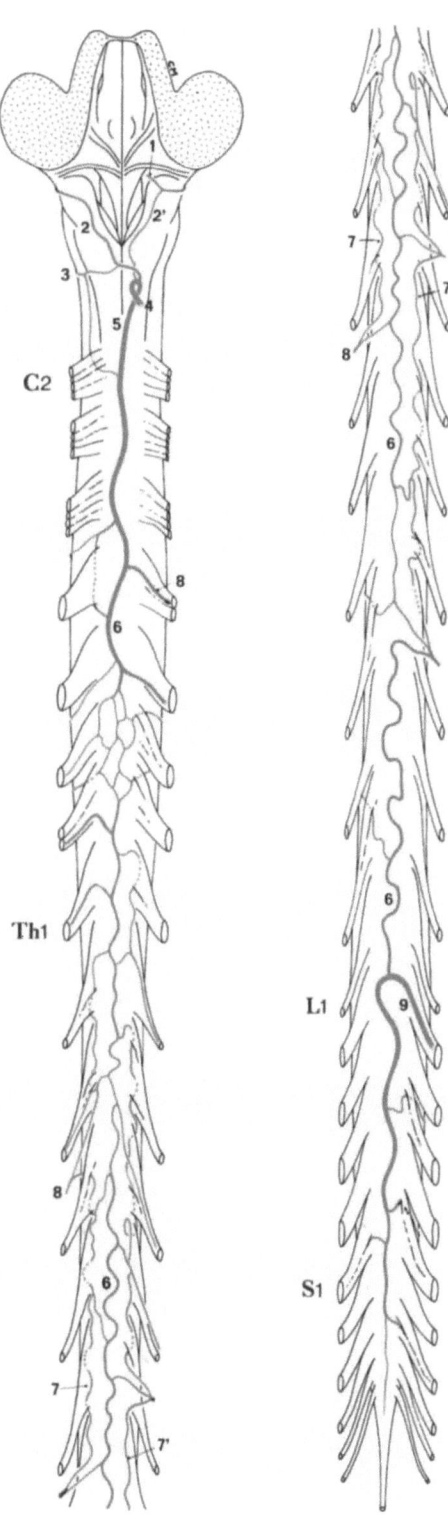

Abb. 56. Schematische Darstellung der Venen der Facies posterior der Medulla oblongata und spinalis

1. Vena choroidea
2 et 2'. Vena corporis restiformis
3. Vena anastomotica (→ venae medullares anteriores)
4. Vena emissaria (→ sinus occipitalis)
5. Vena medullae posterior mediana
6. Vena spinalis posterior mediana
7 et 7'. Vena spinalis posterior lateralis
8. Vena radicularis posterior
9. Vena radicularis magna posterior

IV Gefäße der Dura mater encephali

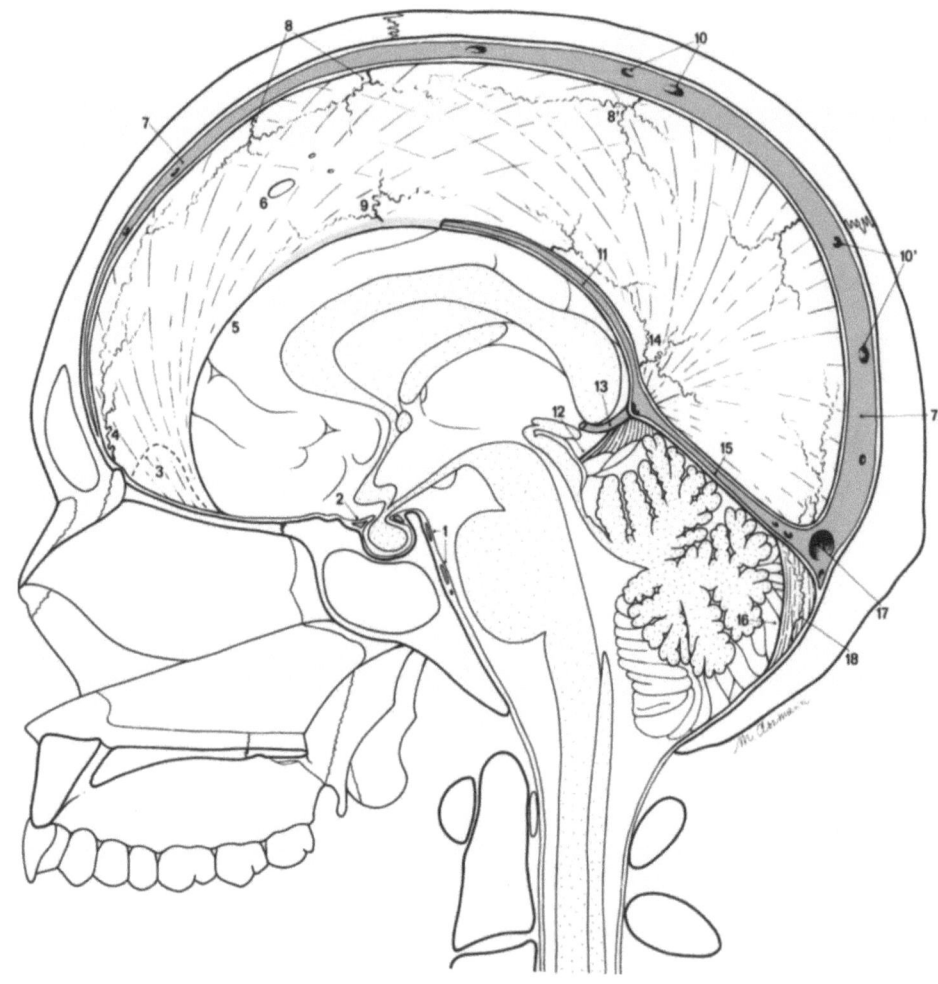

Abb. 57. Medianschnitt des Kopfes mit venösen Blutleitern, rechte Seite

1. Plexus basilaris
2. Diaphragma sellae et sinus intercavernosi
3. Crista galli
4. Arteria meningea anterior (ramus arteriae ethmoidalis anterioris)
5. Falx cerebri: margo inferior
6. Falx cerebri: facies lateralis
7. Sinus sagittalis superior
8 et 8′. Rami arteriae meningeae mediae
9. Arteria cerebri anterior: ramus meningeus
10 et 10′. Venae cerebri superiores
11. Sinus sagittalis inferior
12. Tentorium cerebelli (margo superior et incisura tentorii)
13. Vena cerebri magna
14. Arteria cerebri posterior: ramus meningeus
15. Sinus rectus
16. Falx cerebelli
17. Confluens sinuum et sinus transversus
18. Arteria vertebralis: ramus meningeus

IV Gefäße der Dura mater encephali

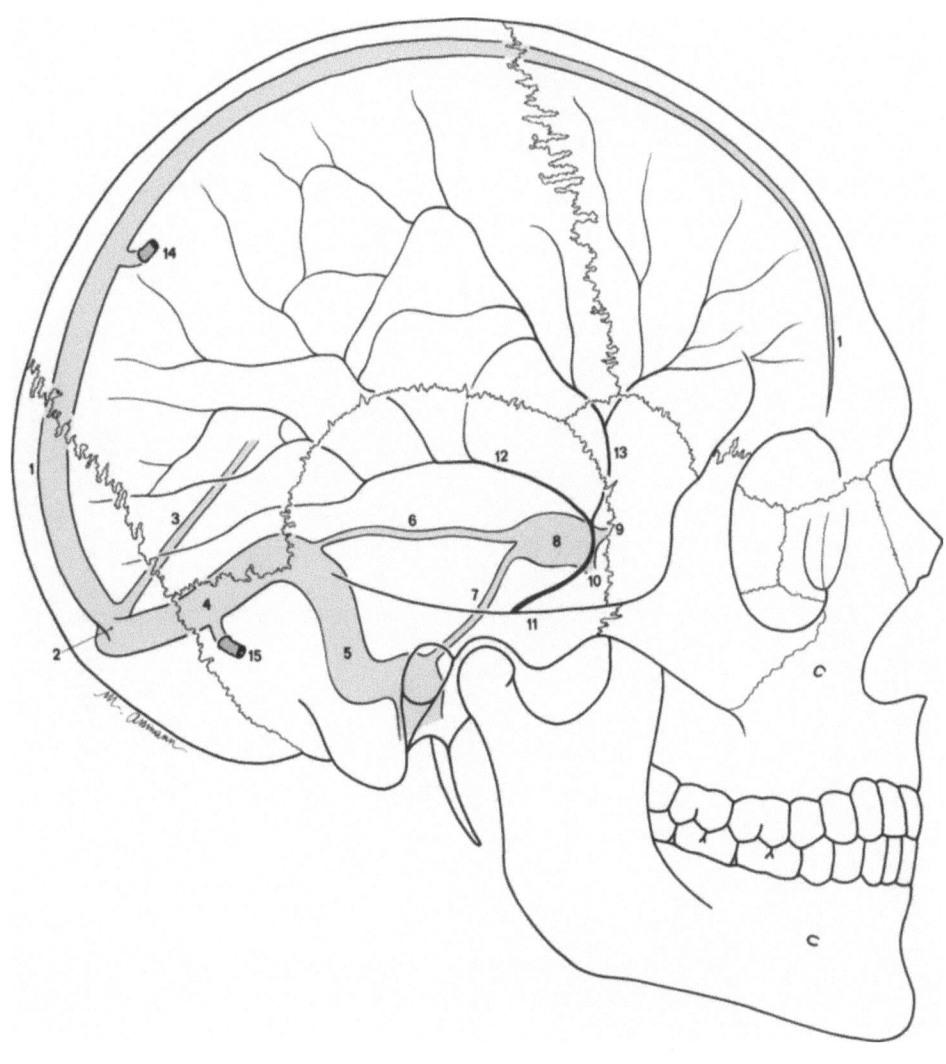

Abb. 58. Rechte Seitenansicht des knöchernen Schädels mit Projektion der A. meningea media und der Sinus durae matris

1. Sinus sagittalis superior
2. Confluens sinuum
3. Sinus rectus
4. Sinus transversus
5. Sinus sigmoideus
6. Sinus petrosus superior
7. Sinus petrosus inferior
8. Sinus cavernosus
9. Vena ophthalmica
10. Plexus venosus foraminis ovalis
11. Arteria meningea media
12. Arteria meningea media: ramus parietalis
13. Arteria meningea media: ramus frontalis
14. Vena emissaria parietalis
15. Vena emissaria mastoidea

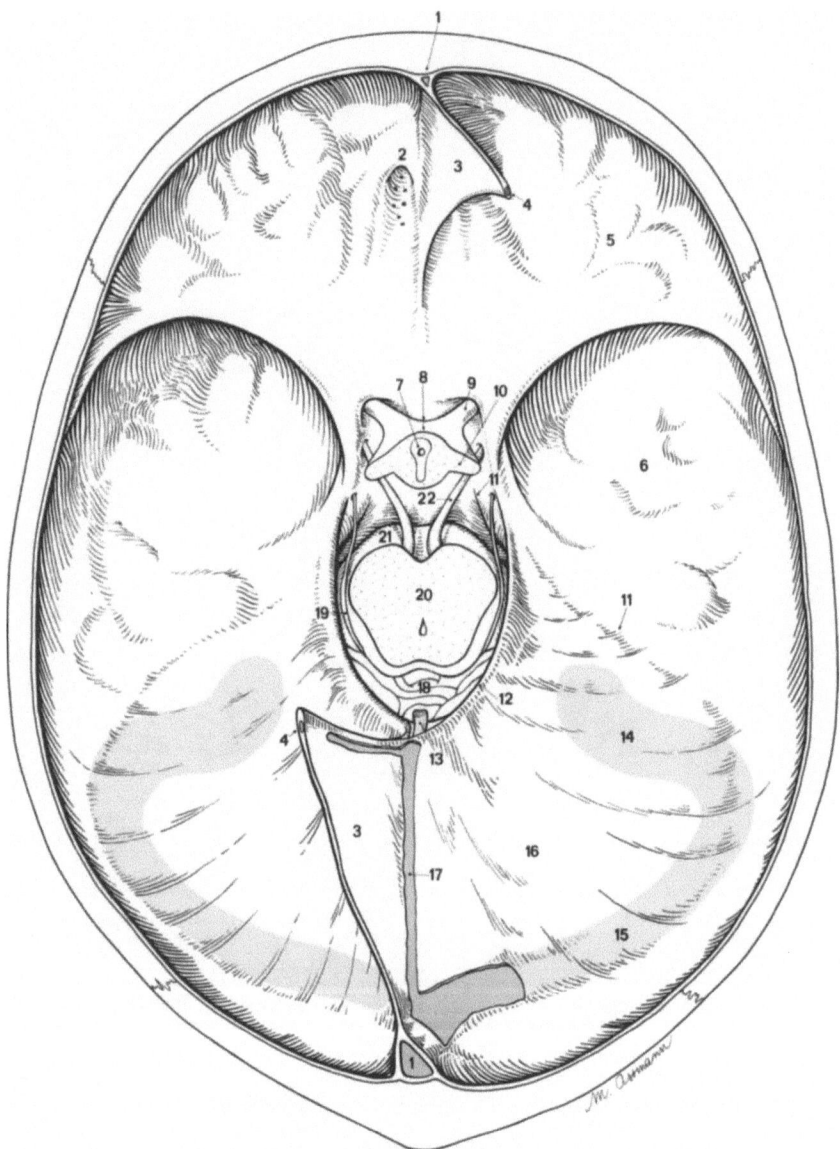

Abb. 59. Aufsicht auf die Schädelbasis mit Verlauf der Sinus

1. Sinus sagittalis superior
2. Tentorium nervi olfactorii
3. Falx cerebri
4. Sinus sagittalis inferior
5. Fossa cranii anterior
6. Fossa cranii media
7. Ventriculus tertius et infundibulum
8. Chiasma opticum et lamina terminalis
9. Nervus opticus
10. Tractus opticus
11. Tentorium cerebelli: margo inferior
12. Tentorium cerebelli: margo superior et incisura tentorii
13. Vena cerebri magna
14. Sinus sigmoideus
15. Sinus transversus
16. Tentorium cerebelli: facies superior*
17. Sinus rectus
18. Lobulus centralis et culmen
19. Nervus trochlearis
20. Mesencephalon
21. Pons
22. Nervus oculomotorius

* Trennt die Fossa cranialis media von der Fossa cranialis posterior

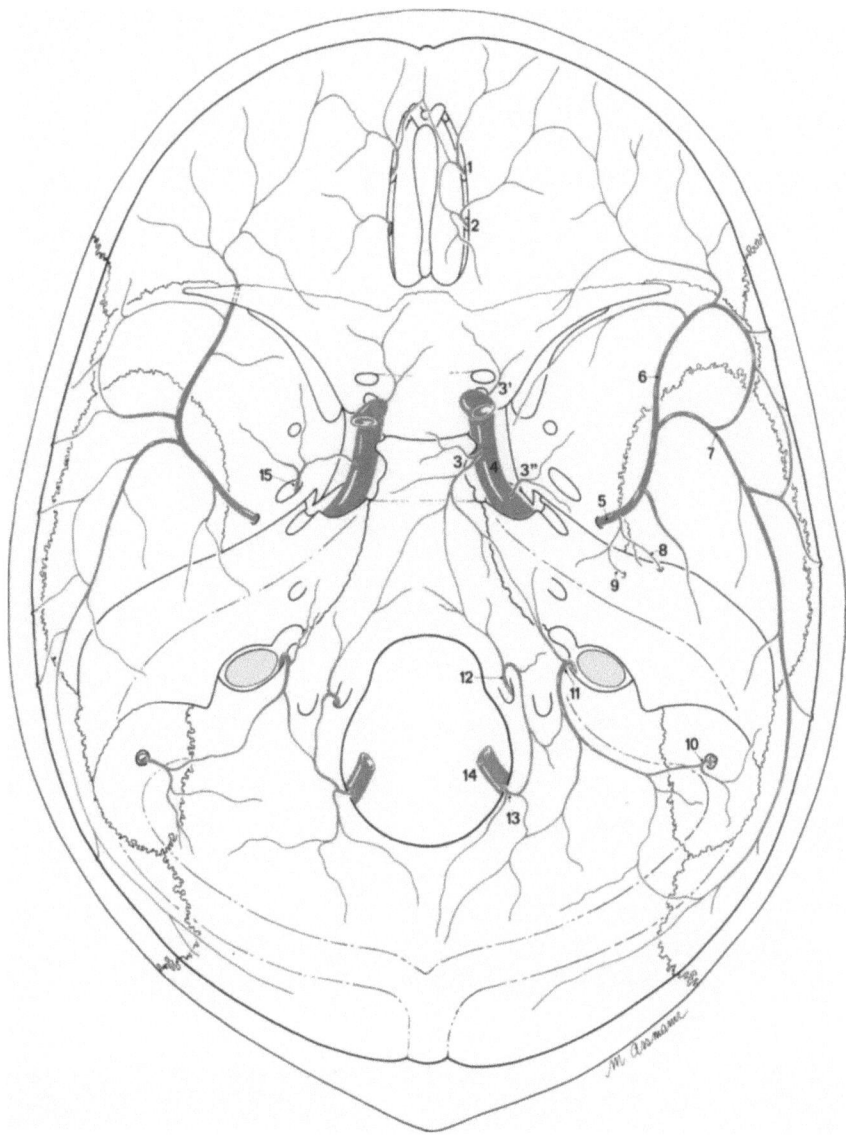

Abb. 60. Aufsicht auf die Schädelbasis. Schematische Darstellung der arteriellen Gefäßversorgung der Dura mater cerebri.

1. Arteria meningea anterior (ramus arteriae ethmoidalis anterioris)
2. Arteria ethmoidalis posterior: ramus meningeus
3, 3' et 3". Arteria carotis interna: rami meningei
4. Arteria carotis interna
5. Arteria meningea media
6. Arteria meningea media: ramus frontalis
7. Arteria meningea media: ramus parietalis
8. Arteria meningea media: ramus petrosus
9. Arteria meningea media: ramus tympanicus
10. Arteria occipitalis: ramus meningeus
11. Arteria meningea posterior
12. Arteria pharyngea ascendens: ramus meningeus
13. Arteria vertebralis: ramus meningeus
14. Arteria vertebralis
15. Arteriae maxillaris: ramus meningeus accessorius

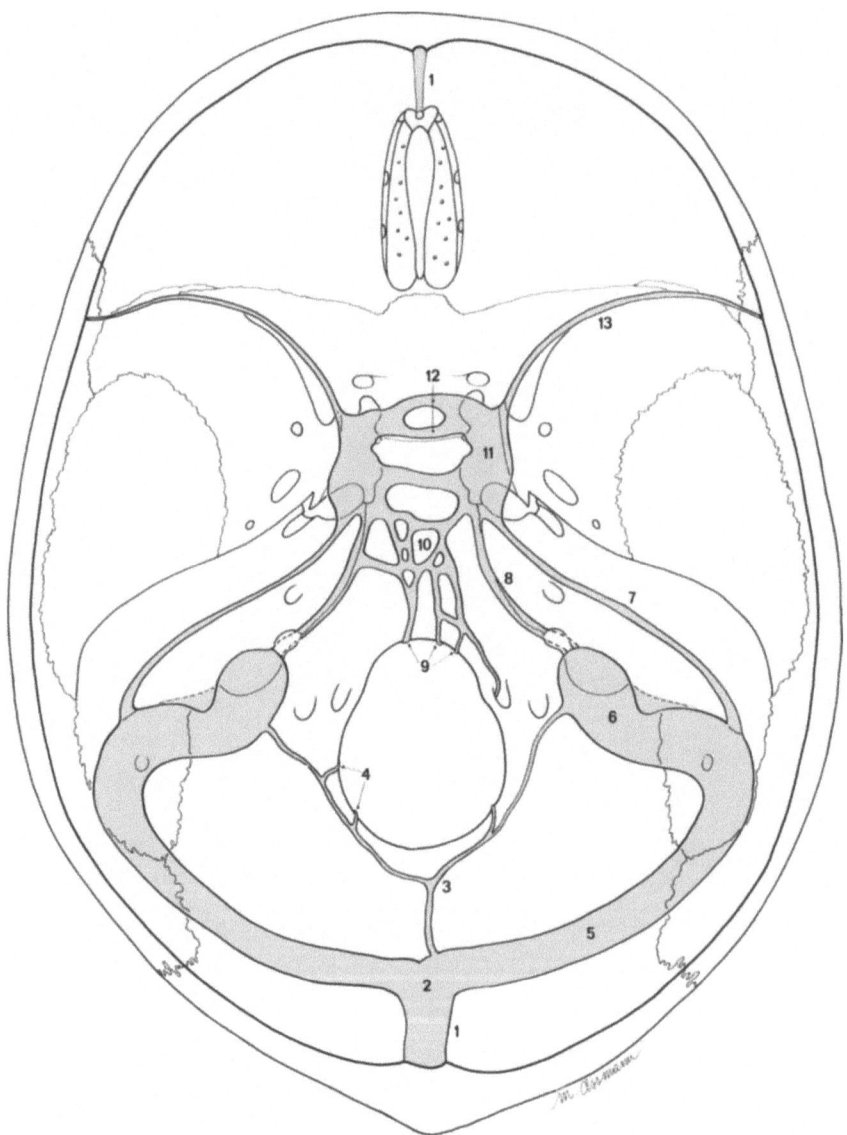

Abb. 61. Aufsicht auf die Schädelbasis. Schematische Darstellung der Sinus durae matris.

1. Sinus sagittalis superior
2. Confluens sinuum
3. Sinus occipitalis
4. Venae emissariae
   (→ plexus venosi vertebrales interni)
5. Sinus transversus
6. Sinus sigmoideus
7. Sinus petrosus superior
8. Sinus petrosus inferior
9. Venae emissariae
   (→ plexus venosi vertebrales interni)
10. Plexus basilaris
11. Sinus cavernosus
12. Sinus intercavernosi
13. Sinus sphenoparietalis

V Frontalschnitte des Gehirns

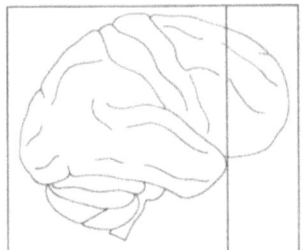
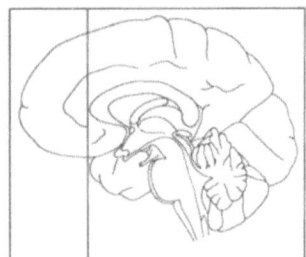
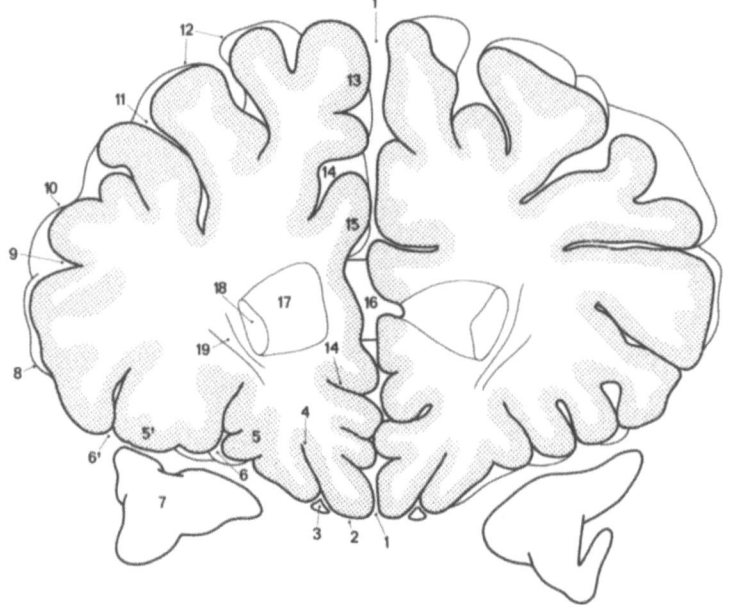

Abb. 62. Frontalschnitt, unmittelbar vor den Temporallappen

1. Fissura longitudinalis cerebri
2. Gyrus rectus
3. Tractus olfactorius
4. Sulcus olfactorius
5 et 5'. Gyri orbitales
6 et 6'. Sulci orbitales
7. Polus temporalis
8. Gyrus frontalis inferior
9. Sulcus frontalis inferior
10. Gyrus frontalis medius
11. Sulcus frontalis superior
12. Gyrus frontalis superior
13. Gyrus frontalis medialis
14. Sulcus cinguli
15. Gyrus cinguli
16. Genu corporis callosi
17. Radiatio corporis callosi: forceps minor
18. Stratum subependymale
19. Corona radiata

V Frontalschnitte des Gehirns

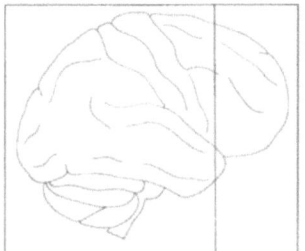
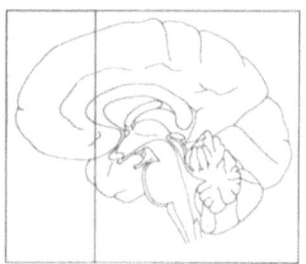
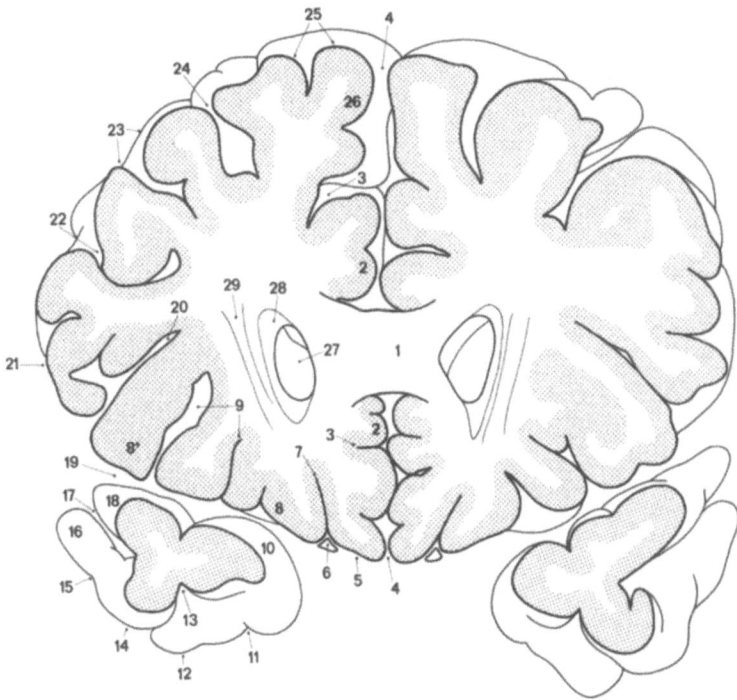

Abb. 63. Frontalschnitt durch den vorderen Abschnitt der lateralen Ventrikel

1. Genu corporis callosi
2. Gyrus cinguli
3. Sulcus cinguli
4. Fissura longitudinalis cerebri
5. Gyrus rectus
6. Tractus olfactorius
7. Sulcus olfactorius
8 et 8'. Gyri orbitales
9. Sulci orbitales
10. Gyrus parahippocampalis
11. Sulcus collateralis
12. Gyrus occipitotemporalis
13. Sulcus occipitotemporalis
14. Gyrus temporalis inferior
15. Sulcus temporalis inferior
16. Gyrus temporalis medius
17. Sulcus temporalis medius
18. Gyrus temporalis superior
19. Fossa lateralis cerebri
20. Sulcus circularis insulae
21. Gyrus frontalis inferior
22. Sulcus frontalis inferior
23. Gyrus frontalis medius
24. Sulcus frontalis superior
25. Gyrus frontalis superior
26. Gyrus medialis frontalis
27. Ventriculus lateralis: cornu anterius
28. Stratum subependymale
29. Corona radiata

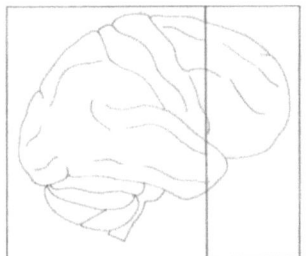
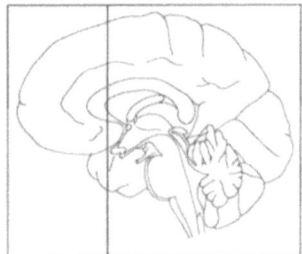
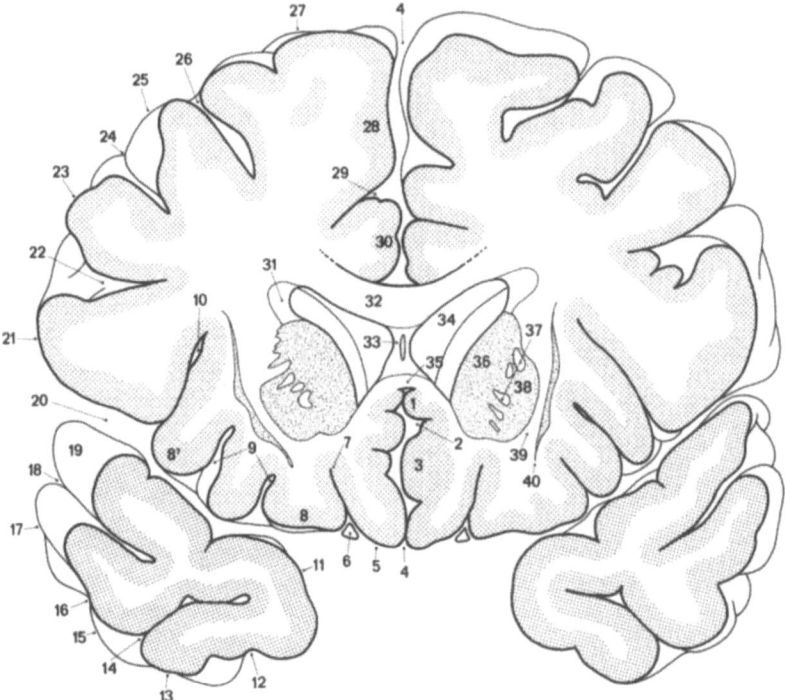

Abb. 64. Frontalschnitt durch das Caput nuclei caudati und das Putamen

1. Gyrus paraterminalis
2. Sulcus parolfactorius posterior
3. Area subcallosa
4. Fissura longitudinalis cerebri
5. Gyrus rectus
6. Tractus olfactorius
7. Sulcus olfactorius
8 et 8'. Gyri orbitales
9. Sulci orbitales
10. Sulcus circularis insulae
11. Gyrus parahippocampalis
12. Sulcus collateralis
13. Gyrus occipitotemporalis lateralis
14. Sulcus occipitotemporalis
15. Gyrus temporalis inferior
16. Sulcus temporalis inferior
17. Gyrus temporalis medius
18. Sulcus temporalis medius
19. Gyrus temporalis superior
20. Fossa lateralis cerebri
21. Gyrus precentralis
22. Sulcus precentralis
23. Gyrus frontalis inferior
24. Sulcus frontalis inferior
25. Gyrus frontalis medius
26. Sulcus frontalis superior
27. Gyrus frontalis superior
28. Gyrus frontalis medialis
29. Sulcus cinguli
30. Gyrus cinguli
31. Stratum subependymale
32. Truncus corporis callosi
33. Septum pellucidum et cavum septi pellucidi
34. Ventriculus lateralis: cornu anterius
35. Rostrum corporis callosi
36. Caput nuclei caudati
37. Crus anterius capsulae internae
38. Nucleus lentiformis: putamen
39. Capsula externa
40. Claustrum

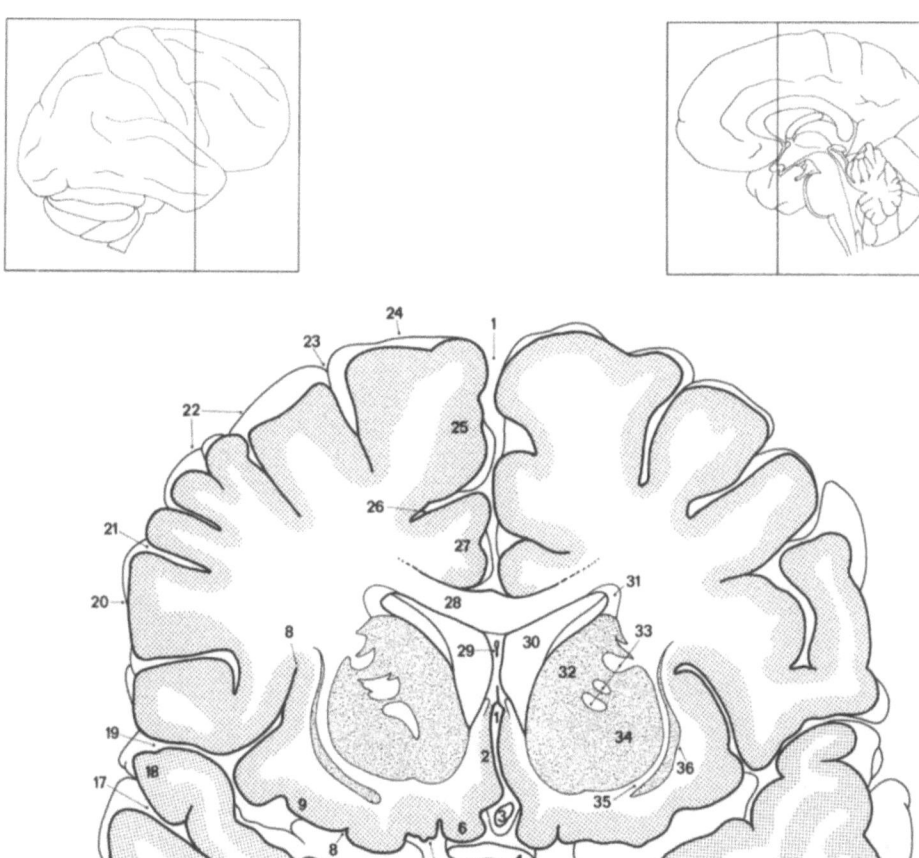

Abb. 65. Frontalschnitt in Höhe des Chiasma opticum

1. Fissura longitudinalis cerebri
2. Area subcallosa
3. Lamina terminalis
4. Chiasma opticum
5. Infundibulum
6. Gyrus rectus
7. Striae olfactoriae
8. Sulcus circularis insulae
9. Gyri breves insulae
10. Gyrus parahippocampalis
11. Sulcus collateralis
12. Gyrus occipitotemporalis lateralis
13. Sulcus occipitotemporalis
14. Gyrus temporalis inferior
15. Sulcus temporalis inferior
16. Gyrus temporalis medius
17. Sulcus temporalis inferior
18. Gyrus temporalis superior
19. Fossa lateralis cerebri
20. Gyrus precentralis
21. Sulcus precentralis
22. Gyrus frontalis medius
23. Sulcus frontalis superior
24. Gyrus frontalis superior
25. Gyrus frontalis medialis
26. Sulcus cinguli
27. Gyrus cinguli
28. Truncus corporis callosi
29. Septum pellucidum et cavum septi pellucidi
30. Ventriculus lateralis: cornu anterius
31. Stratum subependymale
32. Caput nuclei caudati
33. Crus anterius capsulae internae
34. Nucleus lentiformis: putamen
35. Capsula externa
36. Claustrum

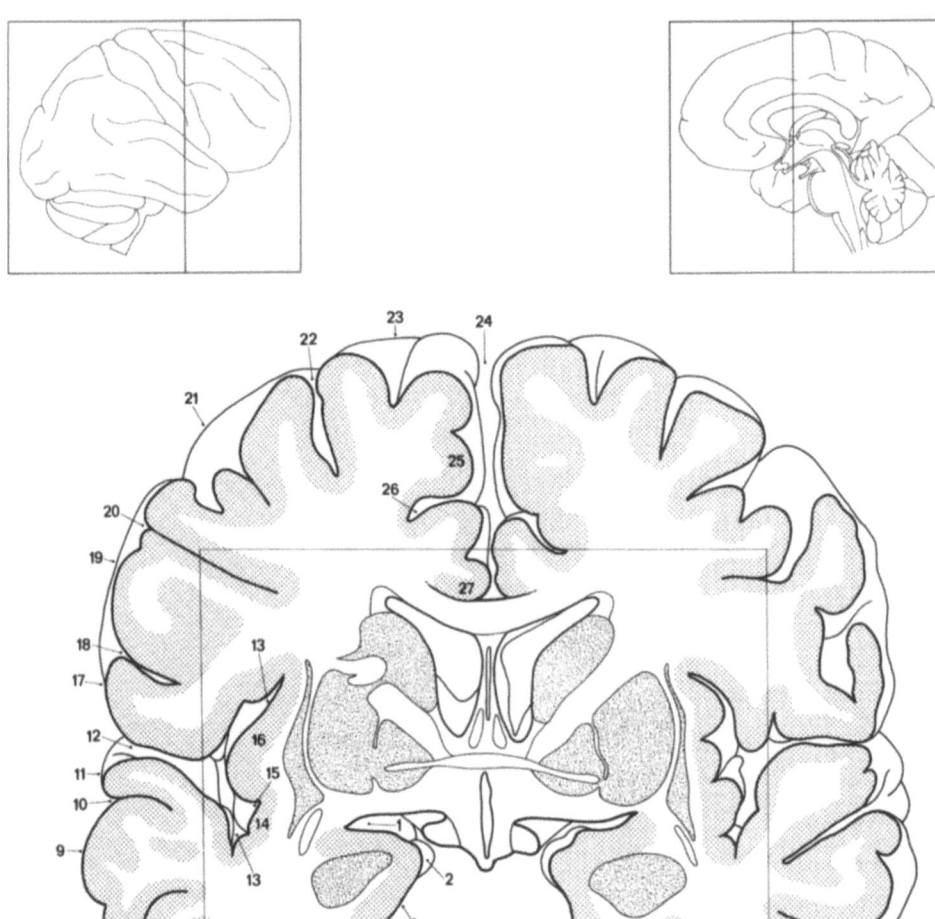

Abb. 66. Frontalschnitt durch die Commissura anterior (Ausschnitt vgl. Abb. 67)

1. Fissura transversalis cerebri: pars lateralis
2. Gyrus ambiens
3. Gyrus parahippocampalis
4. Sulcus collateralis
5. Gyrus occipitotemporalis lateralis
6. Sulcus occipitotemporalis
7. Gyrus temporalis inferior
8. Sulcus temporalis inferior
9. Gyrus temporalis medius
10. Sulcus temporalis superior
11. Gyrus temporalis superior
12. Sulcus lateralis
13. Sulcus circularis insulae
14. Gyrus longus insulae
15. Sulcus centralis insulae
16. Gyri breves insulae
17. Gyrus postcentralis
18. Sulcus centralis
19. Gyrus precentralis
20. Sulcus precentralis
21. Gyrus frontalis medius
22. Sulcus frontalis superior
23. Gyrus frontalis superior
24. Fissura longitudinalis cerebri
25. Gyrus frontalis medialis
26. Sulcus cinguli
27. Gyrus cinguli

V Frontalschnitte des Gehirns

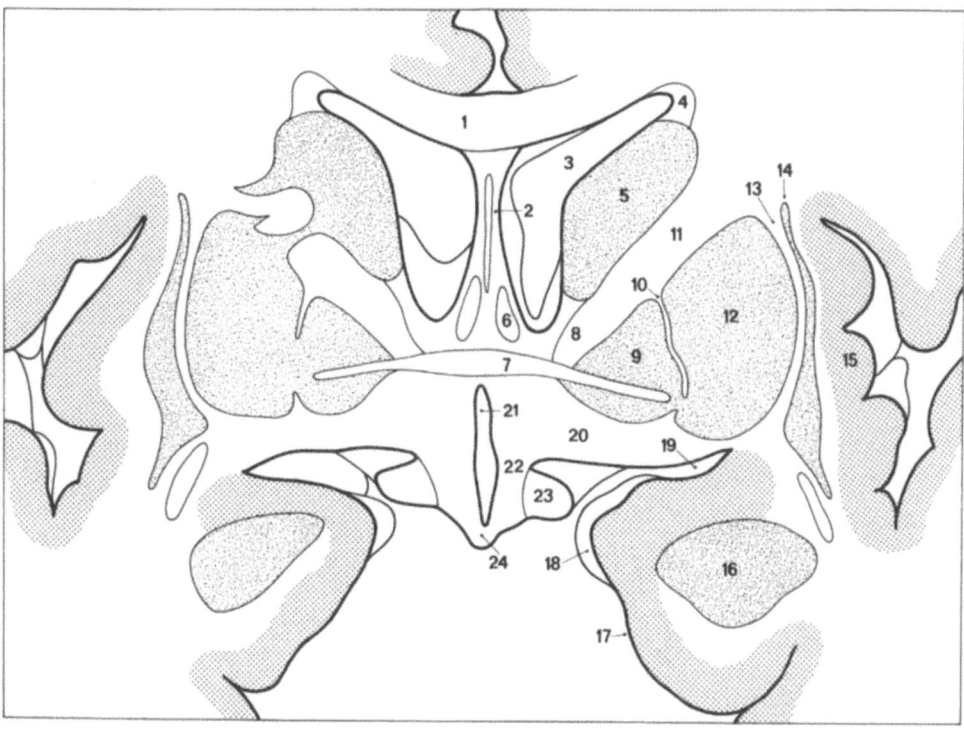

Abb. 67. Ausschnittsvergrößerung aus Abb. 66

1. Truncus corporis callosi
2. Septum pellucidum et cavum septi pellucidi
3. Ventriculus lateralis: cornu anterius
4. Stratum subependymale
5. Caput nuclei caudati
6. Columna fornicis
7. Commissura anterior
8. Stria terminalis
9. Nucleus lentiformis: globus pallidus
10. Nucleus lentiformis: lamina medullaris
11. Crus anterius capsulae internae
12. Nucleus lentiformis: putamen
13. Capsula externa
14. Claustrum
15. Insula
16. Corpus amygdaloideum
17. Gyrus parahippocampalis
18. Gyrus ambiens
19. Fissura transversa cerebri: pars lateralis
20. Substantia perforata anterior
21. Ventriculus tertius
22. Hypothalamus
23. Tractus opticus
24. Tuber cinereum

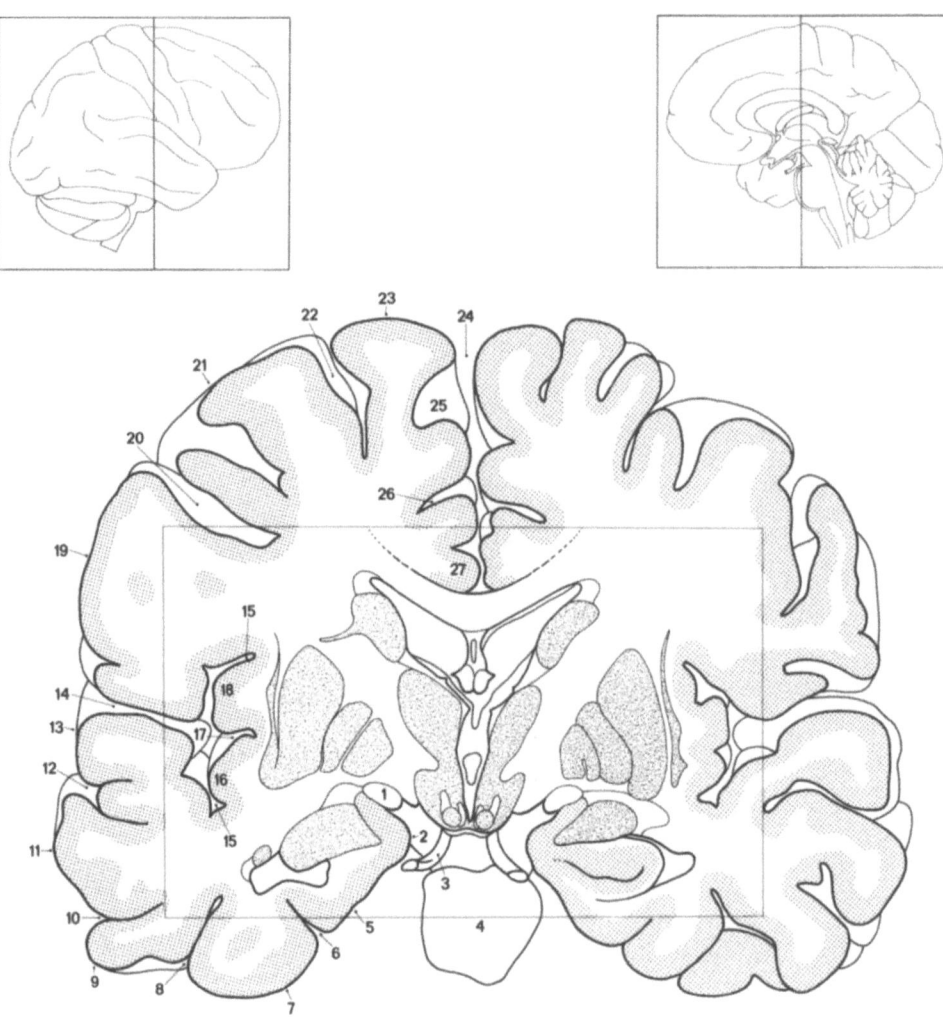

Abb. 68. Frontalschnitt durch die Corpora mamillaria (Ausschnitt vgl. Abb. 69)

1. Tractus opticus
2. Gyrus ambiens
3. Nervus oculomotorius
4. Pons
5. Gyrus parahippocampalis
6. Sulcus collateralis
7. Gyrus occipitotemporalis lateralis
8. Sulcus occipitotemporalis
9. Gyrus temporalis inferior
10. Sulcus temporalis inferior
11. Gyrus temporalis medius
12. Sulcus temporalis superior
13. Gyrus temporalis superior
14. Sulcus lateralis
15. Sulcus circularis insulae
16. Gyrus longus insulae
17. Sulcus centralis insulae
18. Gyrus brevis insulae
19. Gyrus precentralis
20. Sulcus precentralis
21. Gyrus frontalis medius
22. Sulcus frontalis superior
23. Gyrus frontalis superior
24. Fissura longitudinalis cerebri
25. Gyrus frontalis medialis
26. Sulcus cinguli
27. Gyrus cinguli

V Frontalschnitte des Gehirns

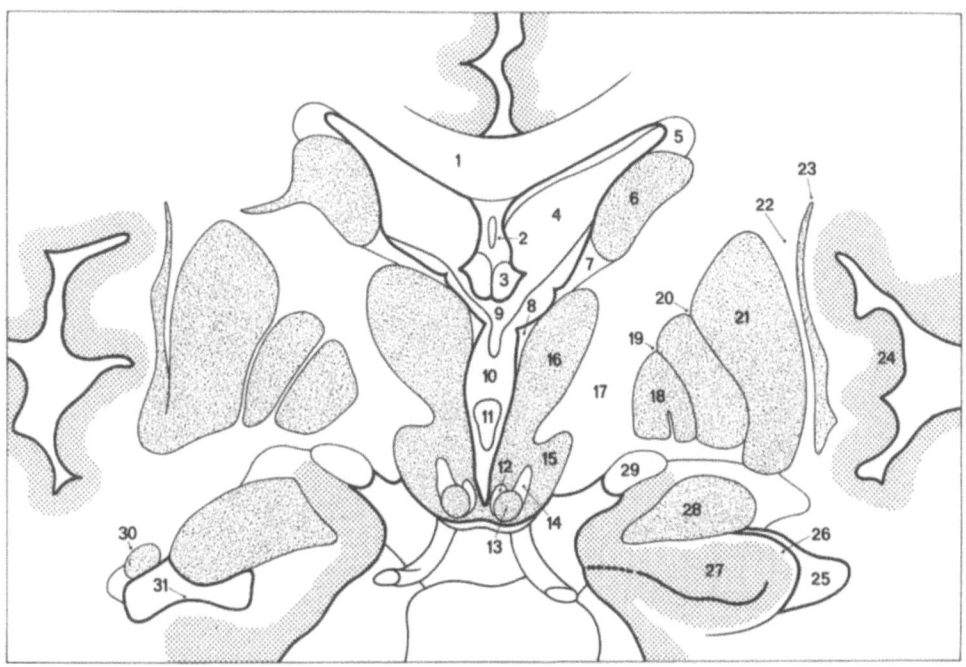

Abb. 69. Ausschnittsvergrößerung aus Abb. 68

1. Truncus corporis callosi
2. Septum pellucidum et cavum septi pellucidi
3. Columna fornicis
4. Ventriculus lateralis: pars centralis
5. Stratum subependymale
6. Corpus nuclei caudati
7. Stria terminalis et taenia choroidea
8. Habenula et taenia thalami
9. Fissura transversalis cerebri: pars mediana
10. Adhesio interthalamica
11. Ventriculus tertius
12. Fasciculus mamillothalamicus
13. Corpus mamillare
14. Columna fornicis
15. Hypothalamus
16. Thalamus
17. Genu capsulae internae
18. Nucleus lentiformis: globus pallidus
19. Nucleus lentiformis: lamina medullaris medialis
20. Nucleus lentiformis: lamina medullaris lateralis
21. Nucleus lentiformis: putamen
22. Capsula externa
23. Claustrum
24. Insula
25. Ventriculus lateralis: cornu inferius
26. Alveus hippocampi
27. Gyrus dentatus
28. Corpus amygdaloideum
29. Tractus opticus
30. Cauda nuclei caudati
31. Eminentia collateralis

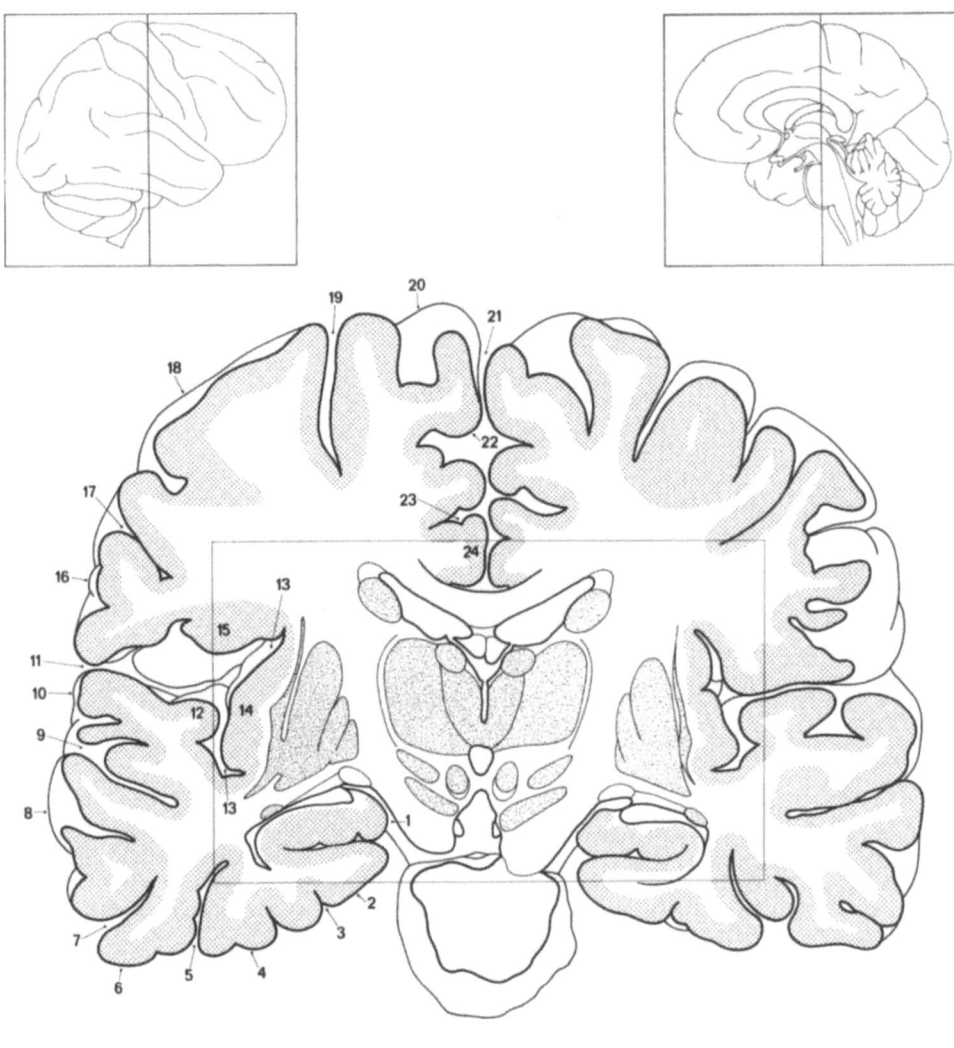

Abb. 70. Frontalschnitt durch den vorderen Teil der Brücke (Ausschnitt vgl. Abb. 71)

1. Gyrus uncinatus
2. Gyrus parahippocampalis
3. Sulcus collateralis
4. Gyrus occipitotemporalis medialis
5. Sulcus occipitotemporalis
6. Gyrus temporalis inferior
7. Sulcus temporalis inferior
8. Gyrus temporalis medius
9. Sulcus temporalis superior
10. Gyrus temporalis superior
11. Sulcus lateralis
12. Operculum temporale insulae
13. Sulcus circularis insulae
14. Insula
15. Operculum frontale insulae
16. Gyrus postcentralis
17. Sulcus centralis
18. Gyrus precentralis
19. Sulcus frontalis superior
20. Gyrus frontalis superior
21. Fissura longitudinalis cerebri
22. Gyrus frontalis medialis
23. Sulcus cinguli
24. Gyrus cinguli

V Frontalschnitte des Gehirns

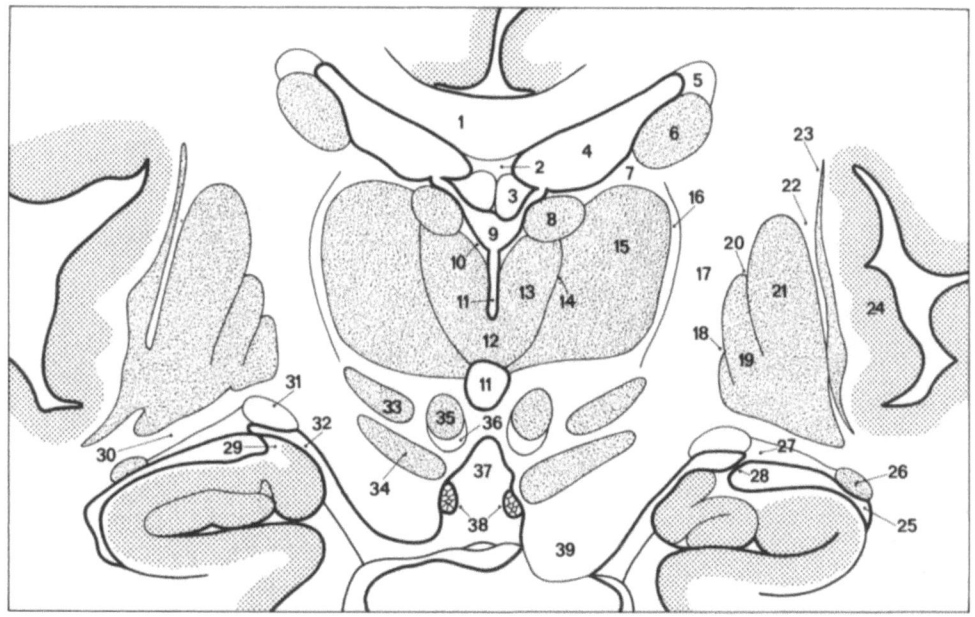

Abb. 71. Ausschnittsvergrößerung aus Abb. 70

1. Truncus corporis callosi
2. Septum pellucidum
3. Columna fornicis et taenia fornicis
4. Ventriculus lateralis: pars centralis
5. Stratum subependymale
6. Corpus nuclei caudati
7. Stria terminalis et taenia choroidea
8. Thalamus: nuclei anteriores
9. Fissura transversalis cerebri: pars mediana
10. Habenula et taenia thalami
11. Ventriculus tertius
12. Adhesio interthalamica
13. Thalamus: nucleus medialis
14. Lamina medullaris thalami interna
15. Thalamus: nuclei laterales
16. Nucleus reticularis thalami
17. Crus posterius capsulae internae
18. Nucleus lentiformis: lamina medullaris media
19. Nucleus lentiformis: globus pallidus
20. Nucleus lentiformis: lamina medullaris media
21. Nucleus lentiformis: putamen
22. Capsula externa
23. Claustrum
24. Insula
25. Ventriculus lateralis: cornu inferius
26. Cauda nuclei caudati
27. Stria terminalis
28. Velum terminale
29. Fimbria hippocampi
30. Pars sublentiformis capsulae internae
31. Tractus opticus
32. Fissura transversalis cerebri: pars lateralis
33. Nucleus subthalamicus
34. Substantia nigra
35. Nucleus ruber
36. Pedunculus cerebelli superior
37. Fossa interpeduncularis
38. Nervus oculomotorius
39. Pedunculus cerebri

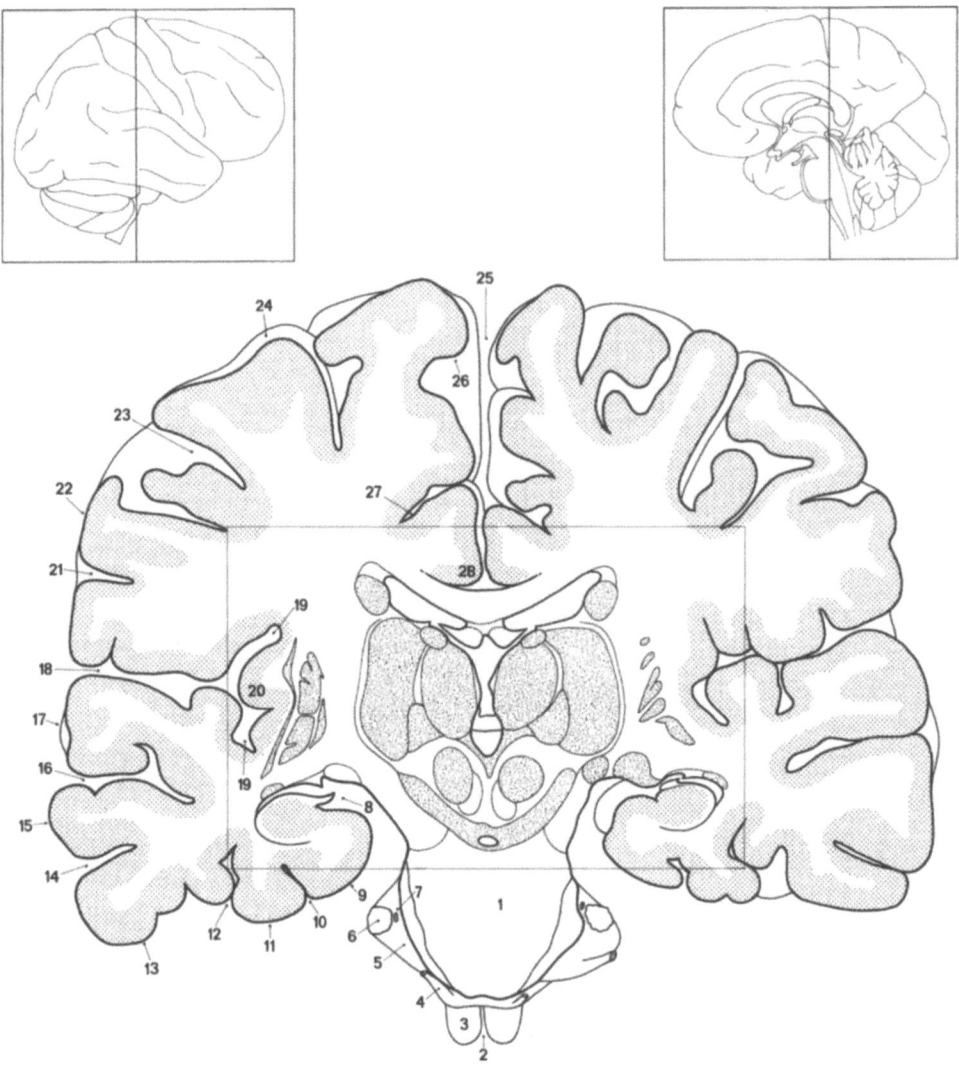

Abb. 72. Frontalschnitt durch den Nucleus ruber (Ausschnitt vgl. Abb. 73)

1. Pons
2. Medulla oblongata: fissura mediana
3. Pyramis medullae oblongatae
4. Nervus abducens
5. Pedunculus cerebelli medius
6. Nervus trigeminus: radix sensoria
7. Nervus trigeminus: radix motoria
8. Fissura transversalis cerebri: pars lateralis
9. Gyrus parahippocampalis
10. Sulcus collateralis
11. Gyrus occipitotemporalis lateralis
12. Sulcus occipitotemporalis
13. Gyrus temporalis inferior
14. Sulcus temporalis inferior
15. Gyrus temporalis medius
16. Sulcus temporalis superior
17. Gyrus temporalis superior
18. Sulcus lateralis
19. Sulcus circularis insulae
20. Gyrus longus insulae
21. Sulcus centralis
22. Gyrus postcentralis
23. Sulcus centralis
24. Gyrus precentralis
25. Fissura longitudinalis cerebri
26. Lobulus paracentralis
27. Sulcus cinguli
28. Gyrus cinguli

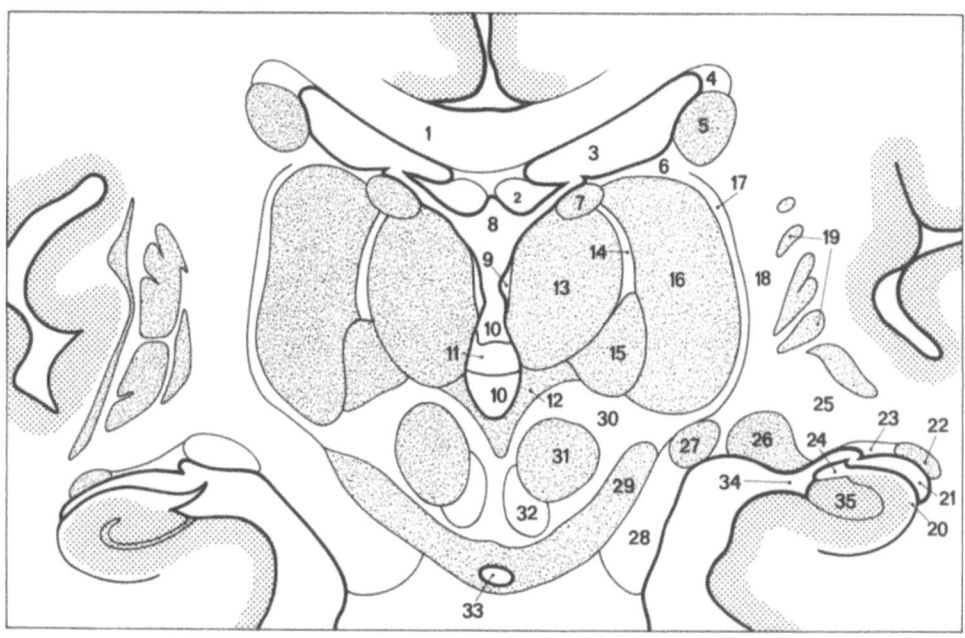

Abb. 73. Ausschnittsvergrößerung aus Abb. 72

1. Truncus corposis callosi
2. Crus fornicis
3. Ventriculus lateralis: pars centralis
4. Stratum subependymale
5. Corpus nuclei caudati
6. Stria terminalis et taenia choroidea
7. Thalamus: nucleus dorsalis superficialis
8. Fissura transversalis cerebri: pars mediana
9. Habenula et taenia thalami
10. Ventriculus tertius
11. Commissura posterior
12. Hypothalamus
13. Thalamus: nucleus medialis
14. Lamina medullaris thalami interna
15. Thalamus: nucleus centralis
16. Thalamus: nuclei laterales
17. Thalamus: nucleus reticularis
18. Pars retrolentiformis capsulae internae
19. Nucleus lentiformis: putamen
20. Alveus hippocampi
21. Ventriculus lateralis: cornu inferius
22. Cauda nuclei caudati
23. Stria terminalis et taenia choroidea
24. Fimbria hippocampi et taenia fornicis
25. Pars sublentiformis capsulae internae
26. Nucleus geniculatum laterale
27. Nucleus geniculatum mediale
28. Crus cerebri
29. Substantia nigra
30. Zona incerta
31. Nucleus ruber
32. Pedunculus cerebelli superior
33. Fossa interpeduncularis
34. Fissura transversalis cerebri: pars lateralis
35. Gyrus dentatus

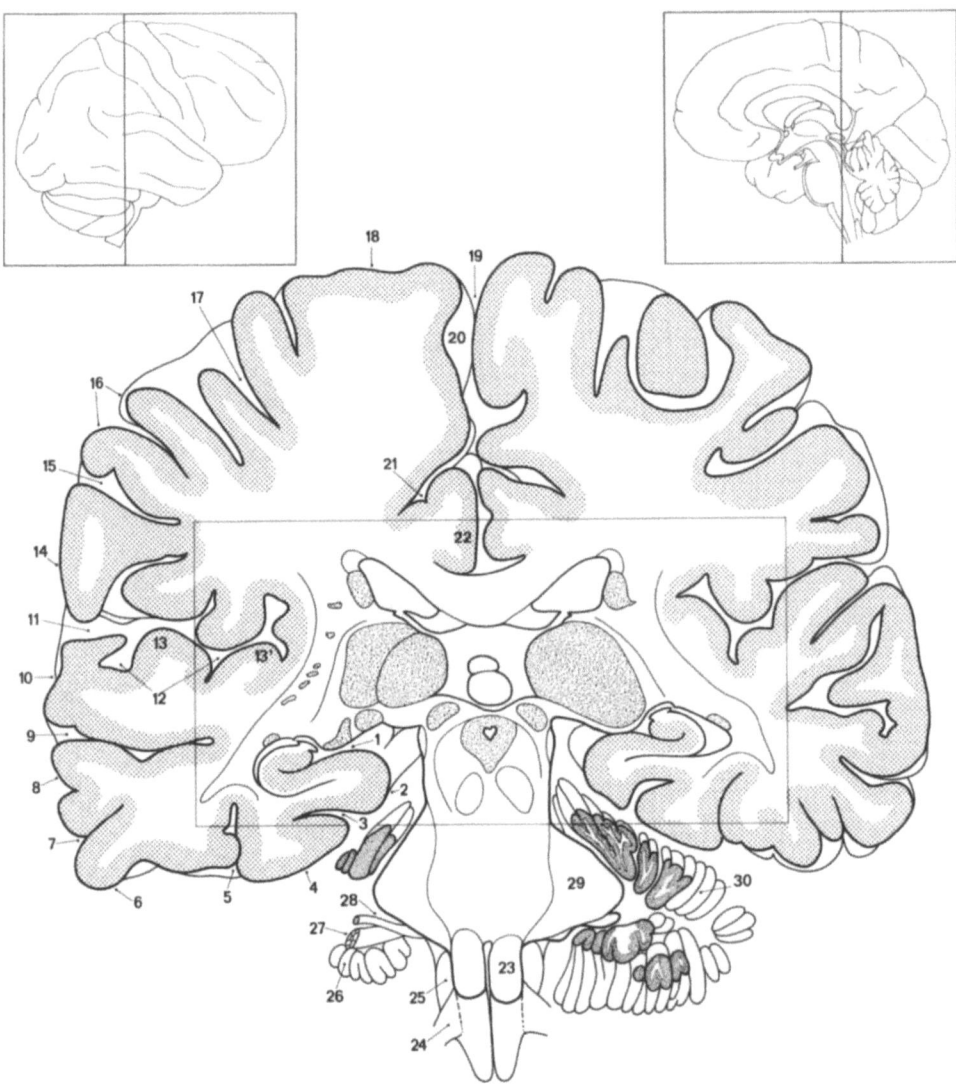

Abb. 74. Frontalschnitt in Höhe der hinteren Thalamusabschnitte und der Colliculi superiores (Ausschnitt vgl. Abb. 75)

1. Fissura transversalis cerebri: pars lateralis
2. Gyrus parahippocampalis
3. Sulcus collateralis
4. Gyrus occipitotemporalis lateralis
5. Sulcus occipitotemporalis
6. Gyrus temporalis inferior
7. Sulcus temporalis inferior
8. Gyrus temporalis medius
9. Sulcus temporalis superior
10. Gyrus temporalis superior
11. Sulcus lateralis
12. Sulci temporales transversales
13 et 13'. Gyri temporales transversales
14. Gyrus supramarginalis
15. Sulcus postcentralis
16. Gyrus postcentralis
17. Sulcus centralis
18. Gyrus precentralis
19. Fissura longitudinalis cerebri
20. Lobulus paracentralis
21. Sulcus cinguli
22. Gyrus cinguli
23. Pyramis medullae oblongatae
24. Oliva
25. Nervus hypoglossus
26. Flocculus
27. Nervus vestibulocochlearis
28. Nervus facialis
29. Pedunculus cerebelli medius
30. Hemispherium cerebelli

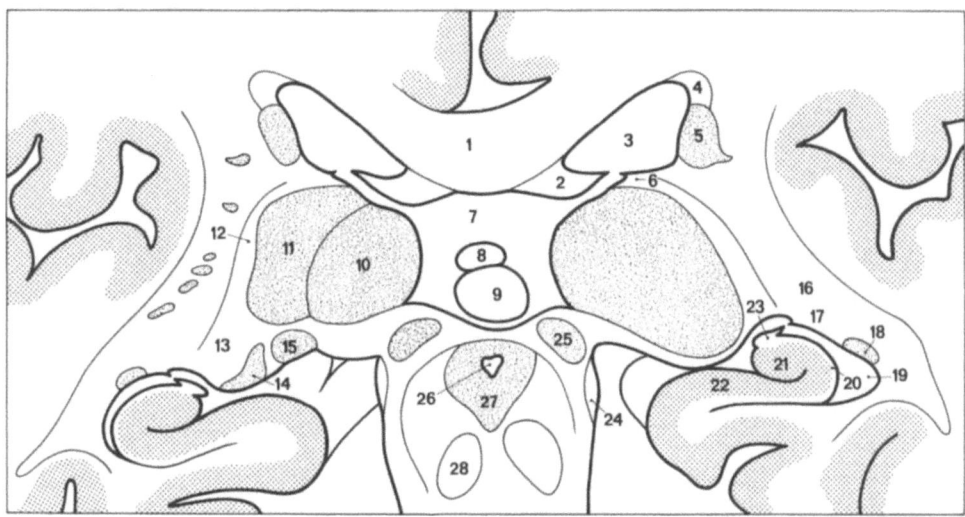

Abb. 75. Ausschnittsvergrößerung aus Abb. 74

1. Truncus corporis callosi
2. Crus fornicis et taenia fornicis
3. Ventriculus lateralis: pars centralis
4. Stratum subependymale
5. Corpus nuclei caudati
6. Stria terminalis et taenia choroidea
7. Fissura transversalis cerebri: pars mediana
8. Ventriculus tertius: recessus suprapinealis
9. Corpus pineale
10. Thalamus: nucleus posterior
11. Thalamus: nuclei laterales
12. Thalamus: nucleus reticularis
13. Area triangularis
14. Nucleus corporis geniculati lateralis
15. Nucleus corporis geniculati medialis
16. Pars retrolentiformis capsulae internae
17. Stria terminalis et taenia choroidea
18. Cauda nuclei caudati
19. Ventriculus lateralis: cornu inferius
20. Alveus hippocampi
21. Gyrus dentatus
22. Hippocampus
23. Fimbria hippocampi et taenia fornicis
24. Brachium colliculi inferioris
25. Nucleus colliculi superioris
26. Aqueductus cerebri
27. Substantia grisea centralis
28. Pedunculus cerebelli superior

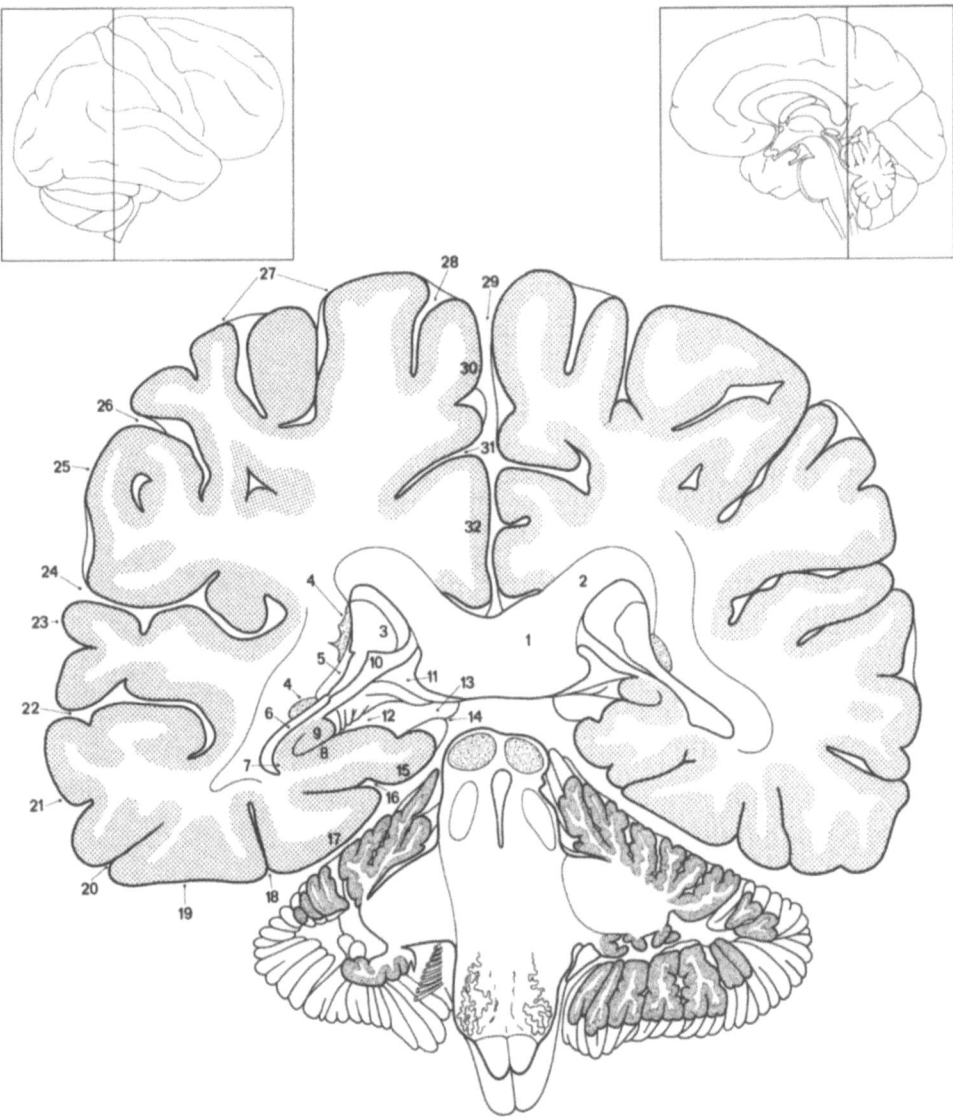

Abb. 76. Frontalschnitt durch das Splenium corporis callosi und die Colliculi inferiores. Bezüglich des Truncus encephalicus und des Kleinhirns vgl. Abb. 77.

1. Splenium corporis callosi
2. Radiatio corporis callosi: forceps major
3. Ventriculus lateralis: pars centralis
4. Cauda nuclei caudati
5. Stria terminalis et taenia choroidea
6. Ventriculus lateralis: cornu inferius
7. Alveus hippocampi
8. Hippocampus
9. Gyrus dentatus
10. Fimbria hippocampi et taenia fornicis
11. Gyrus fasciolaris
12. Sulcus hippocampi
13. Isthmus gyri cinguli
14. Sulcus calcarinus
15. Gyrus parahippocampalis
16. Sulcus collateralis
17. Gyrus occipitotemporalis medialis
18. Sulcus occipitotemporalis
19. Gyrus temporalis inferior
20. Sulcus temporalis inferior
21. Gyrus temporalis medius
22. Sulcus temporalis superior
23. Gyrus temporalis superior
24. Sulcus lateralis
25. Lobulus parietalis inferior
26. Sulcus postcentralis
27. Gyrus postcentralis
28. Sulcus centralis
29. Fissura longitudinalis cerebri
30. Lobulus paracentralis
31. Sulcus cinguli
32. Gyrus cinguli

V Frontalschnitte des Gehirns

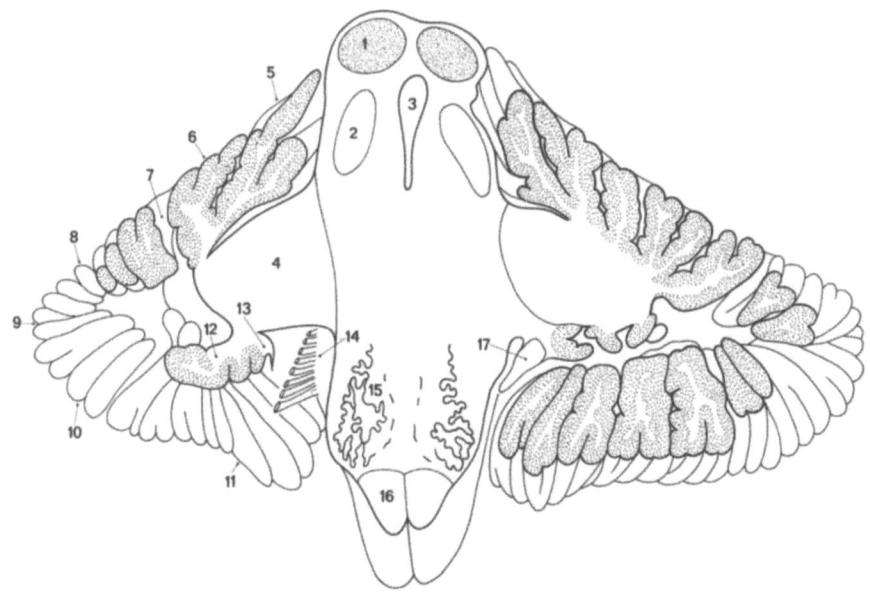

Abb. 77. Vergrößerung aus Abb. 76: Truncus encephalicus und Kleinhirn

1. Nucleus colliculi inferioris
2. Pedunculus cerebelli superior
3. Aqueductus cerebri
4. Pedunculus cerebelli medius
5. Lobulus quadrangularis
6. Lobulus simplex
7. Fissura prima
8. Lobulus semilunaris superior
9. Fissura horizontalis
10. Lobulus semilunaris inferior
11. Lobulus biventer
12. Flocculus
13. Pedunculus flocculi et taenia ventriculi quarti
14. Nervi glossopharyngeus, vagus et accessorius
15. Nucleus olivaris
16. Tractus pyramidalis
17. Recessus lateralis ventriculi quarti

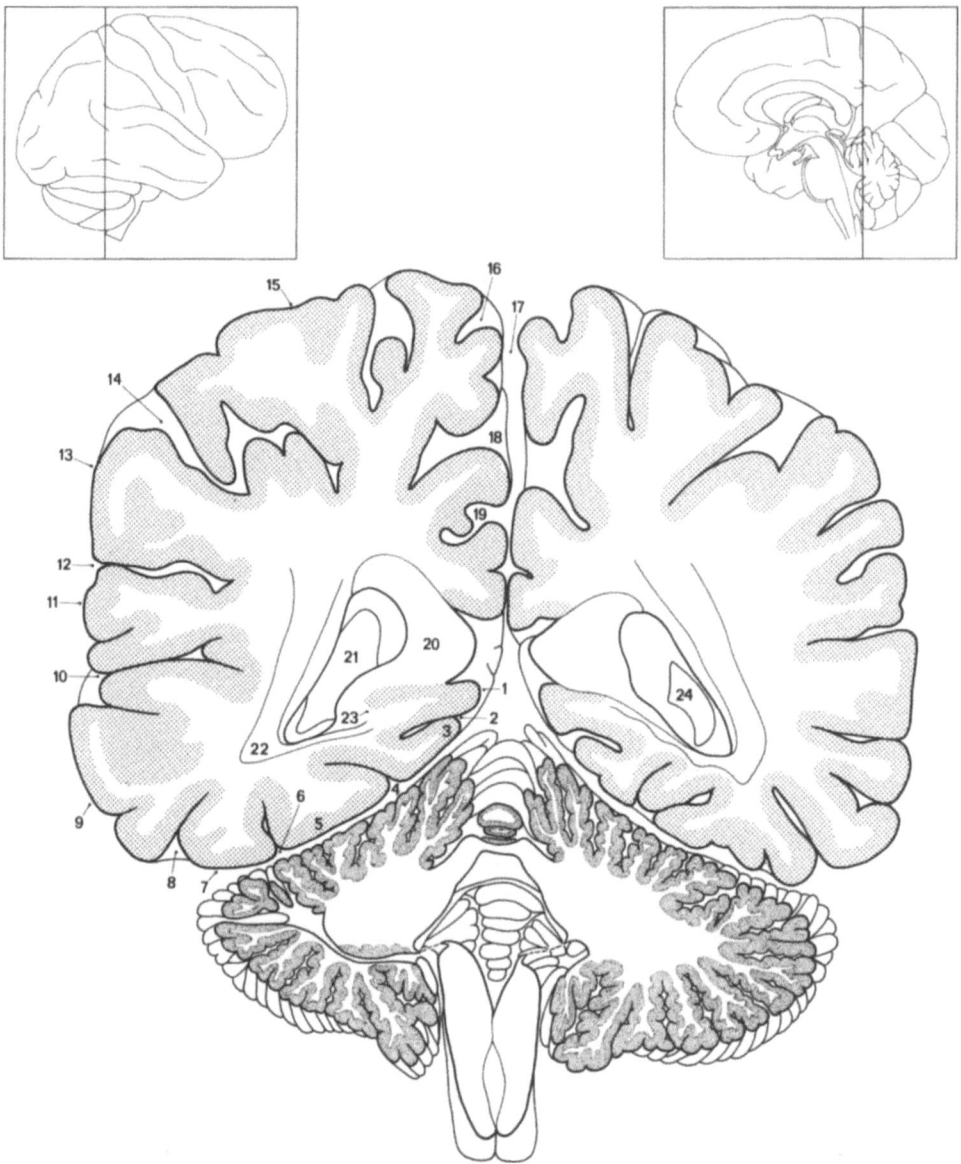

Abb. 78. Frontalschnitt durch den IV. Ventrikel. Bezüglich des Truncus encephalicus und des Kleinhirns vgl. Abb. 79.

1. Isthmus gyri cinguli
2. Sulcus calcarinus
3. Gyrus lingualis
4. Sulcus collateralis
5. Gyrus occipitotemporalis lateralis
6. Sulcus occipitotemporalis
7. Gyrus temporalis inferior
8. Sulcus temporalis inferior
9. Gyrus temporalis medius
10. Sulcus temporalis superior
11. Gyrus temporalis superior
12. Sulcus lateralis
13. Gyrus supramarginalis
14. Sulcus postcentralis
15. Gyrus postcentralis
16. Sulcus centralis
17. Fissura longitudinalis cerebri
18. Precuneus
19. Sulcus subparietalis
20. Radiatio corporis callosi: forceps major
21. Ventriculus lateralis: trigonum collaterale
22. Radiatio optica
23. Gyrus fasciolaris
24. Ventriculus lateralis: cornu posterius

V Frontalschnitte des Gehirns

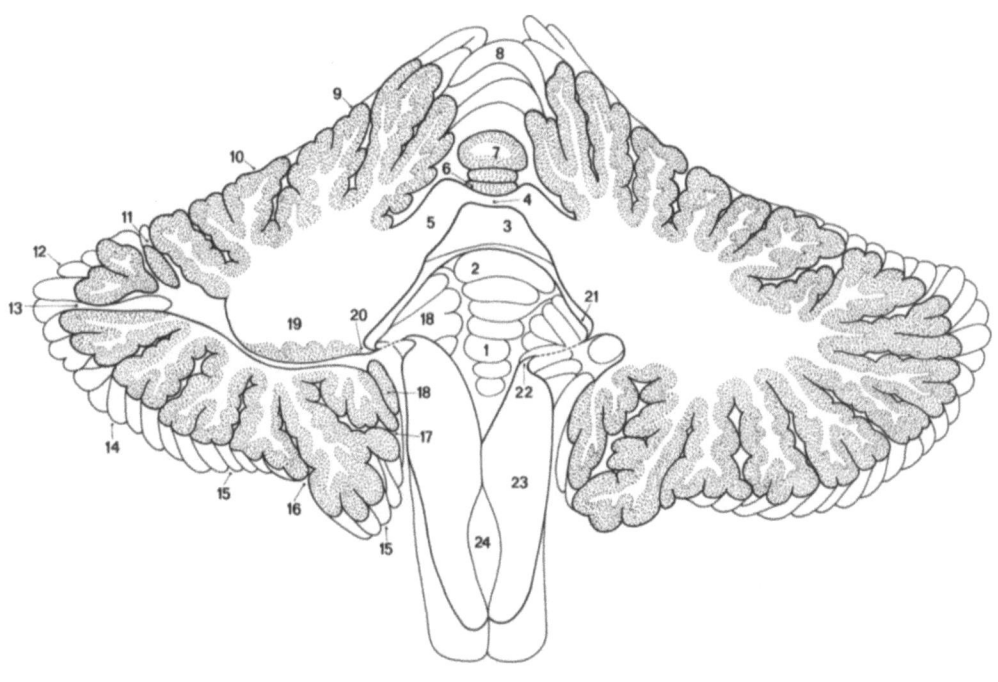

Abb. 79. Vergrößerung aus Abb. 78: Truncus encephalicus und Kleinhirn

1. Uvula vermis
2. Nodulus
3. Ventriculus quartus
4. Velum medullare superius
5. Pedunculus cerebelli superior
6. Lingula cerebelli
7. Lobulus centralis
8. Culmen
9. Lobulus quadrangularis
10. Lobulus simplex
11. Fissura prima
12. Lobulus semilunaris superior
13. Fissura horizontalis
14. Lobulus semilunaris inferior
15. Lobulus biventer
16. Fissura intrabiventeris
17. Fissura secunda
18. Tonsilla cerebelli
19. Flocculus
20. Taenia ventriculi quarti*
21. Velum medullare inferius
22. Taenia ventriculi quarti**
23. Medulla oblongata: pyramis
24. Decussatio pyramidum

* Pars cerebellaris auf dem Pedunculus flocculi
** Pars medullaris

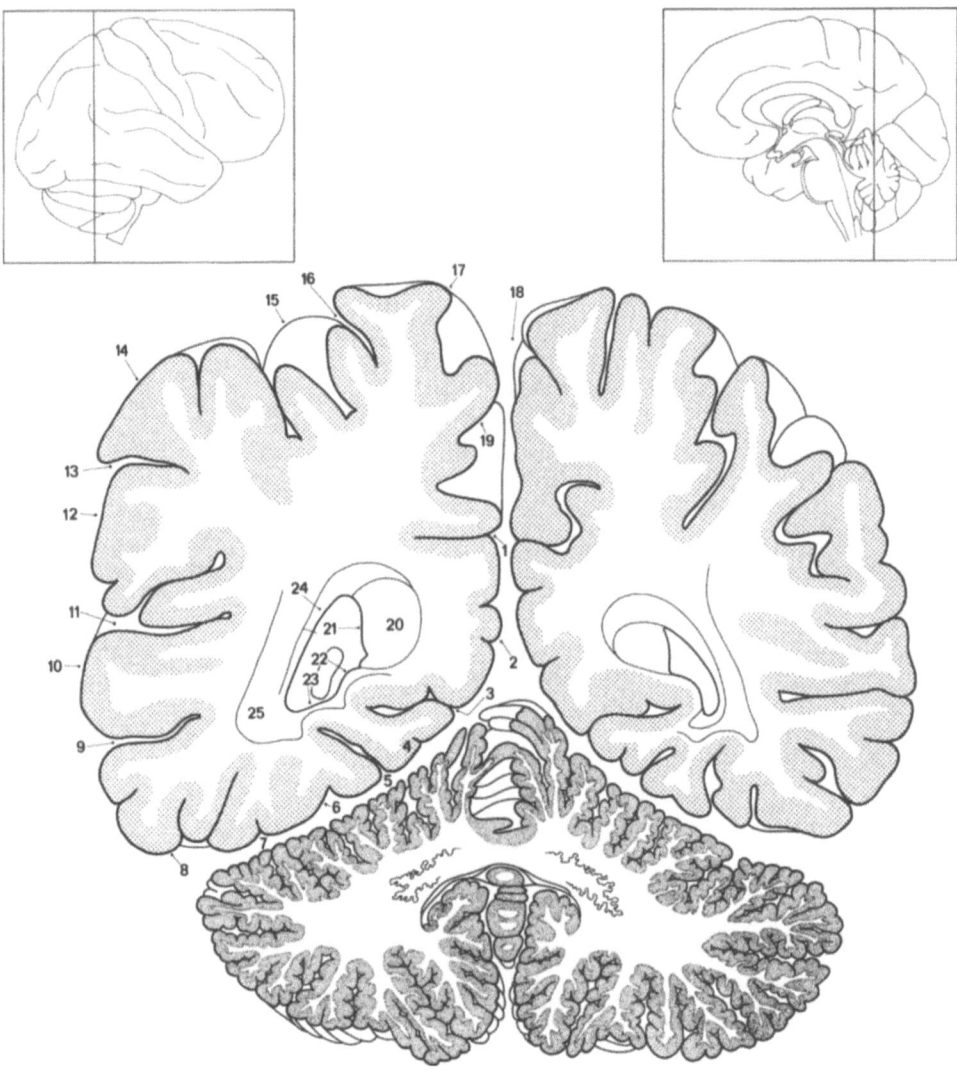

Abb. 80. Frontalschnitt durch die Hinterhörner der Seitenventrikel und die Nuclei dentati des Kleinhirns. Bezüglich des Kleinhirns vgl. Abb. 81.

1. Sulcus subparietalis
2. Gyrus cinguli
3. Sulcus calcarinus
4. Gyrus lingualis
5. Sulcus collateralis
6. Gyrus occipitotemporalis lateralis
7. Sulcus occipitotemporalis
8. Gyrus temporalis inferior
9. Sulcus temporalis inferior
10. Gyrus temporalis medius
11. Sulcus temporalis superior
12. Gyrus temporalis superior
13. Sulcus lateralis
14. Gyrus supramarginalis
15. Lobulus parietalis inferior
16. Sulcus postcentralis
17. Gyrus postcentralis
18. Fissura longitudinalis cerebri
19. Precuneus
20. Radiatio corporis callosi: forceps major
21. Bulbus cornus posterioris
22. Calcar avis
23. Eminentia collateralis
24. Ventriculus lateralis: cornu posterius
25. Radiatio optica

V Frontalschnitte des Gehirns

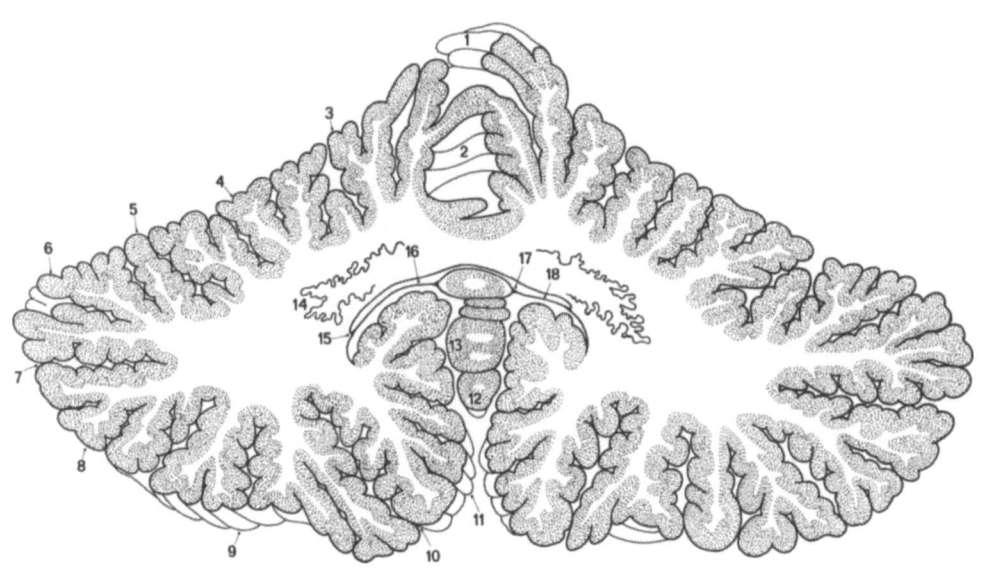

Abb. 81. Vergrößerung aus Abb. 80: Kleinhirn

1. Culmen
2. Lobulus centralis
3. Lobulus quadrangularis
4. Lobulus simplex
5. Fissura prima
6. Lobulus semilunaris superior
7. Fissura horizontalis
8. Lobulus semilunaris inferior
9. Lobulus biventer
10. Fissura secunda
11. Tonsilla cerebelli
12. Uvula vermis
13. Nodulus
14. Nucleus dentatus
15. Taenia ventriculi quarti*
16. Velum medullare inferius
17. Taenia ventriculi quarti**
18. Ventriculus quartus

* Pars cerebellaris auf dem Pedunculus flocculi
** Pars cerebellaris auf dem Nodulus

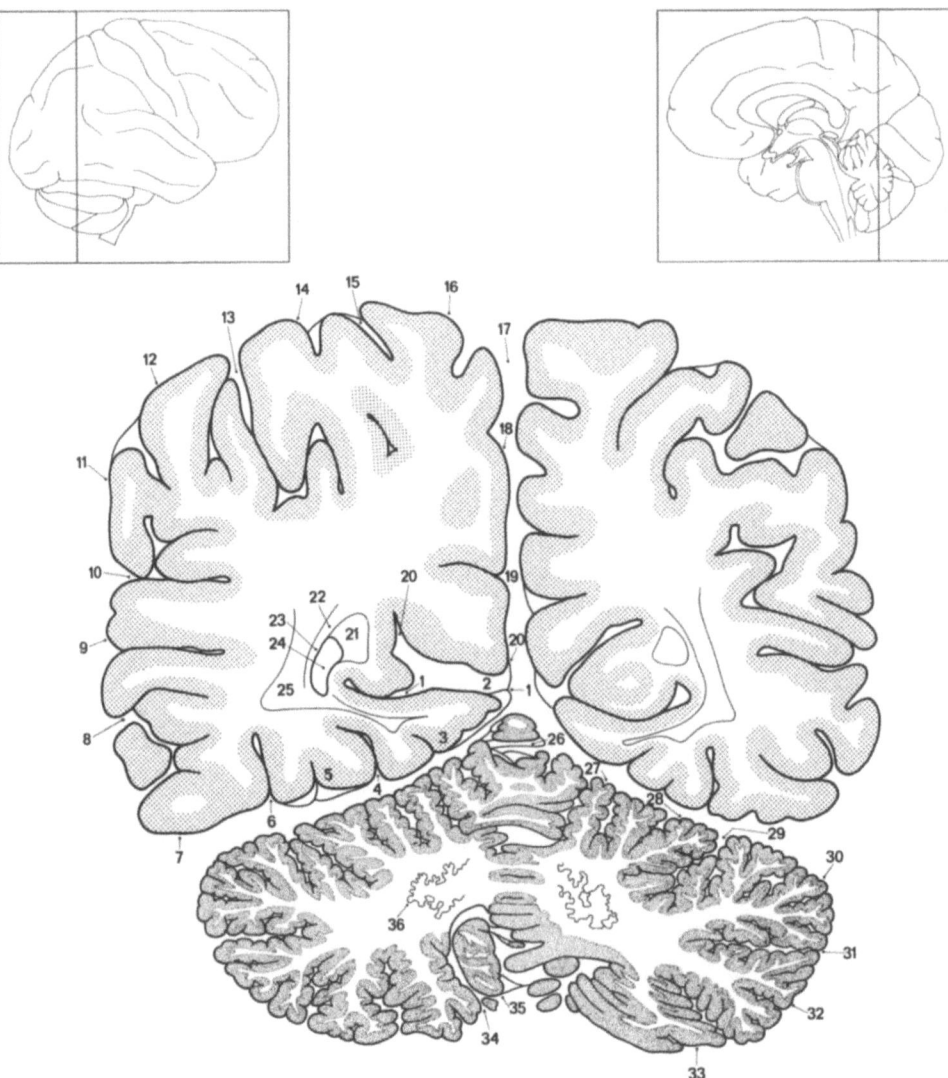

Abb. 82. Frontalschnitt durch den rückwärtigen Abschnitt der Hinterhörner der Seitenventrikel

1. Sulcus calcarinus
2. Cuneus
3. Gyrus lingualis
4. Sulcus collateralis
5. Gyrus occipitotemporalis lateralis
6. Sulcus occipitotemporalis
7. Gyrus temporalis inferior
8. Sulcus temporalis inferior
9. Gyrus temporalis medius
10. Sulcus temporalis superior
11. Gyrus temporalis superior
12. Gyrus angularis
13. Sulcus intraparietalis
14. Lobulus parietalis superior
15. Sulcus postcentralis
16. Gyrus postcentralis
17. Fissura longitudinalis cerebri
18. Precuneus
19. Sulcus subparietalis
20. Sulcus parietooccipitalis
21. Radiatio corporis callosi
22. Tapetum
23. Calcar avis
24. Ventriculus lateralis: cornu posterius
25. Radiatio optica
26. Declive
27. Lobulus quadrangularis
28. Lobulus simplex
29. Fissura prima
30. Lobulus semilunaris superior
31. Fissura horizontalis
32. Lobulus semilunaris inferior
33. Lobulus biventer
34. Fissura secunda
35. Tonsilla cerebelli
36. Nucleus dentatus

VI Horizontalschnitte des Gehirns

VI Horizontalschnitte des Gehirns

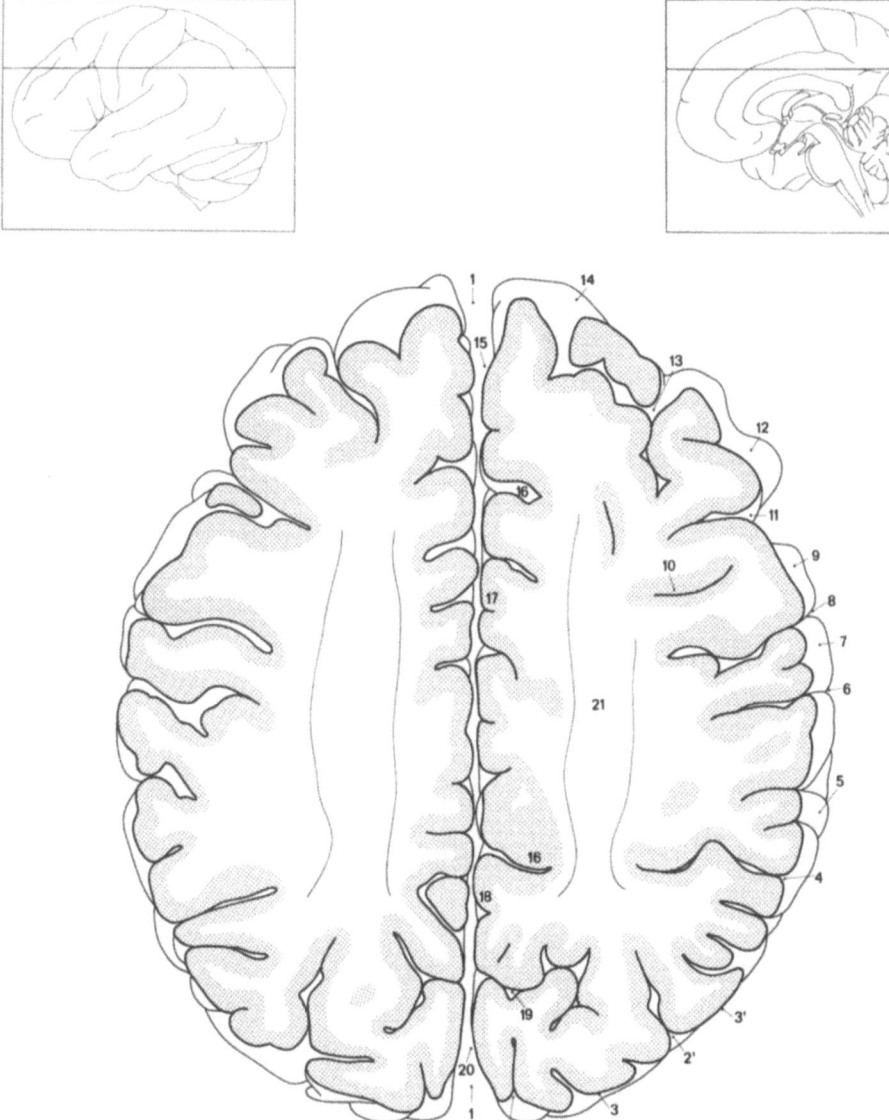

Abb. 83. Horizontalschnitt oberhalb des Balkens durch das Centrum semiovale

1. Fissura longitudinalis cerebri
2 et 2'. Sulci occipitales
3 et 3'. Gyri occipitales
4. Lobulus parietalis inferior
5. Sulcus intraparietalis
6. Sulcus postcentralis
7. Gyrus postcentralis
8. Sulcus postcentralis
9. Gyrus precentralis
10. Sulcus precentralis
11. Gyrus frontalis inferior
12. Gyrus frontalis medius
13. Sulcus frontalis superior
14. Gyrus frontalis superior
15. Gyrus frontalis medialis
16. Sulcus cinguli
17. Gyrus cinguli
18. Precuneus
19. Sulcus parietooccipitalis
20. Cuneus
21. Corona radiata

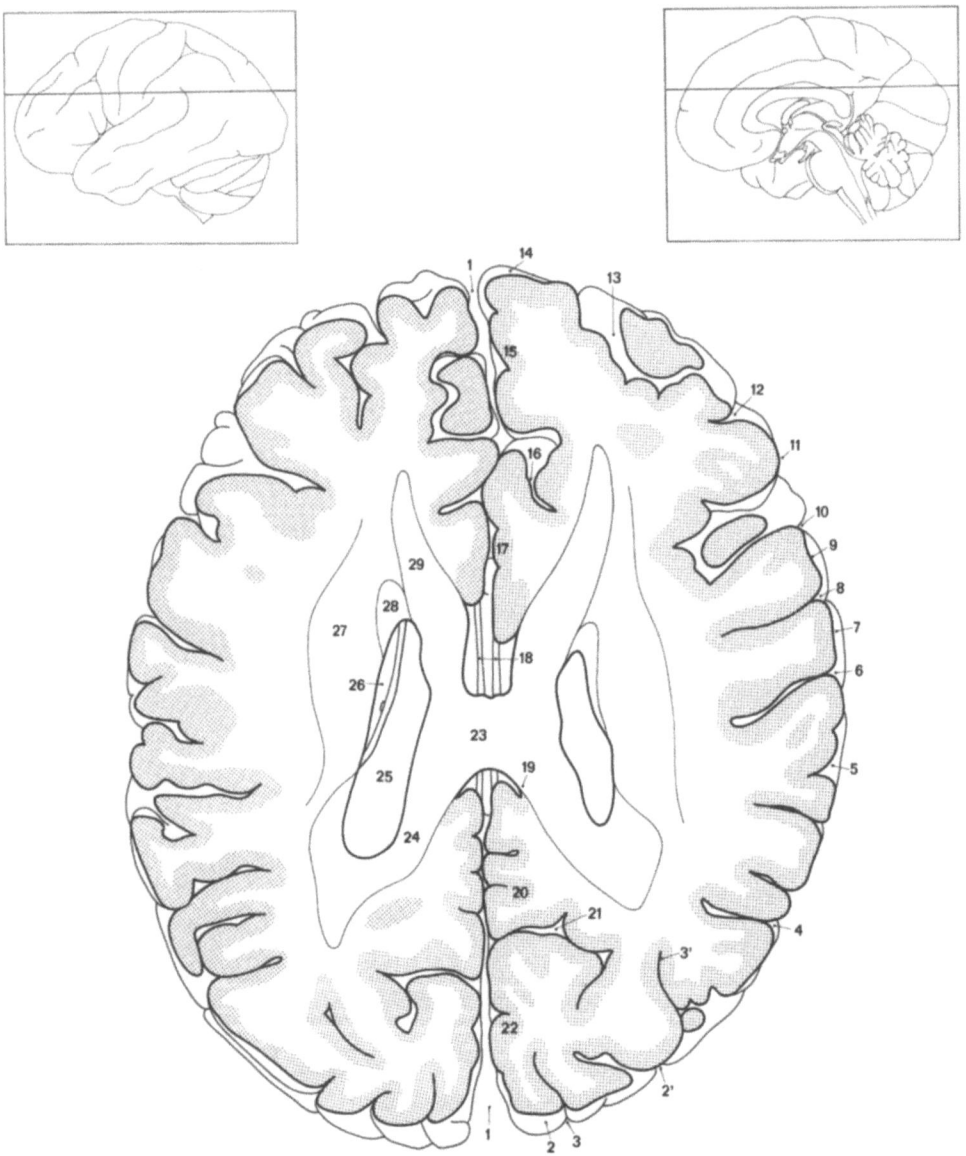

Abb. 84. Horizontalschnitt durch den oberen Teil des Truncus corporis callosi

1. Fissura longitudinalis cerebri
2 et 2'. Gyri occipitales
3 et 3'. Sulci occipitales
4. Sulcus temporalis superior
5. Gyrus supramarginalis
6. Sulcus postcentralis
7. Gyrus postcentralis
8. Sulcus centralis
9. Gyrus precentralis
10. Sulcus precentralis
11. Gyrus frontalis medius
12. Sulcus frontalis superior
13. Sulcus frontalis superior
14. Gyrus frontalis superior
15. Gyrus frontalis medialis
16. Sulcus cinguli
17. Gyrus cinguli
18. Striae longitudinales
19. Sulcus corporis callosi
20. Gyrus cinguli
21. Sulcus parietooccipitalis
22. Cuneus
23. Truncus corporis callosi
24. Radiatio corporis callosi: forceps major
25. Ventriculus lateralis: pars centralis
26. Corpus nuclei caudati
27. Corona radiata
28. Stratum subependymale
29. Radiatio corporis callosi: forceps minor

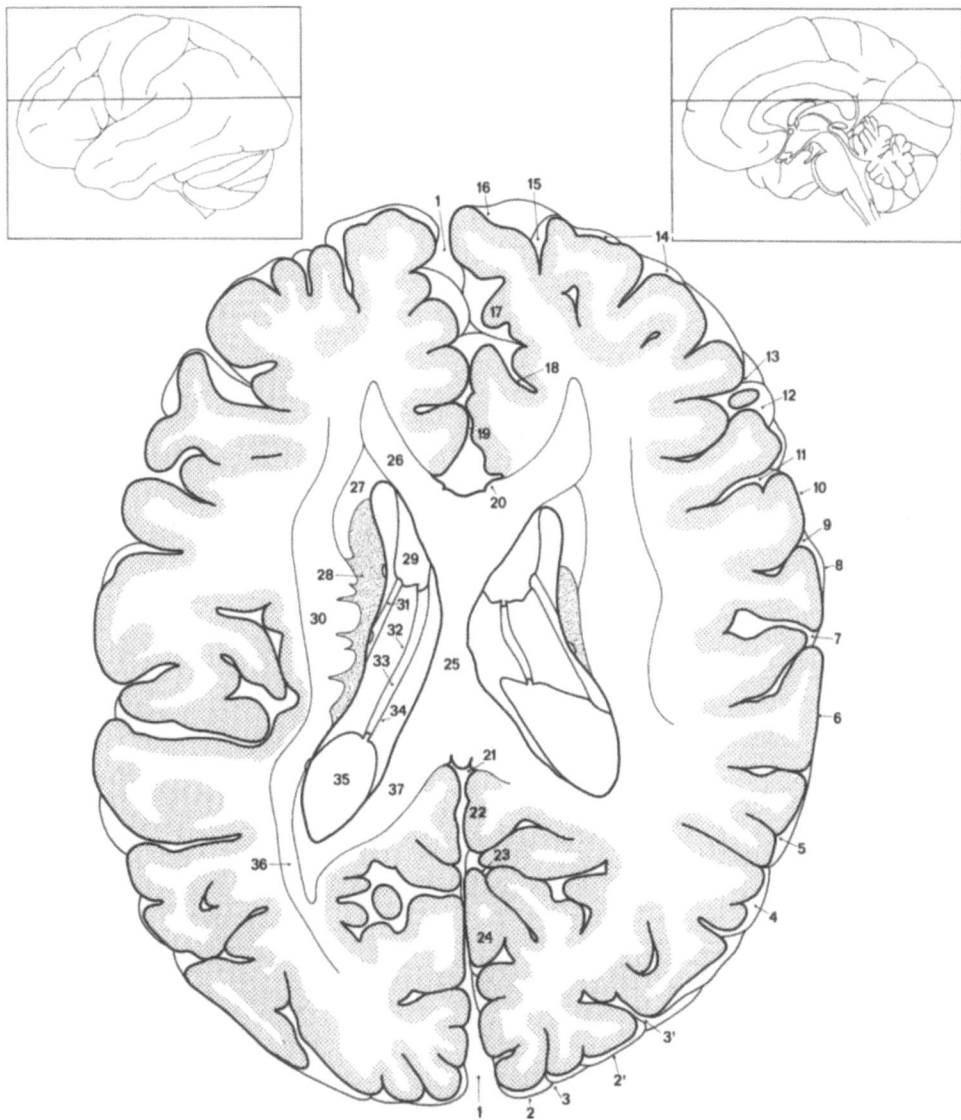

Abb. 85. Horizontalschnitt durch den unteren Teil des Truncus corporis callosi

1. Fissura longitudinalis cerebri
2 et 2'. Gyri occipitales
3 et 3'. Sulci occipitales
4. Gyrus temporalis medius
5. Sulcus temporalis superior
6. Gyrus temporalis superior
7. Sulcus lateralis
8. Gyrus postcentralis
9. Sulcus centralis
10. Gyrus precentralis
11. Sulcus precentralis
12. Gyrus frontalis inferior
13. Sulcus frontalis inferior
14. Gyrus frontalis medius
15. Sulcus frontalis superior
16. Gyrus frontalis superior
17. Gyrus frontalis medialis
18. Sulcus cinguli
19. Gyrus cinguli
20. Striae longitudinales
21. Sulcus corporis callosi
22. Isthmus gyri cinguli
23. Sulcus parietooccipitalis
24. Cuneus
25. Corpus fornici
26. Radiatio corporis callosi: forceps minor
27. Stratum subependymale
28. Corpus nuclei caudati
29. Ventriculus lateralis: pars centralis
30. Corona radiata
31. Vena thalamostriata
32. Stria terminalis et taenia choroidea
33. Thalamus: facies superior
34. Fornix (facies superior) et taenia fornicis
35. Ventriculus lateralis: trigonum collaterale
36. Radiatio optica
37. Radiatio corporis callosi: forceps major

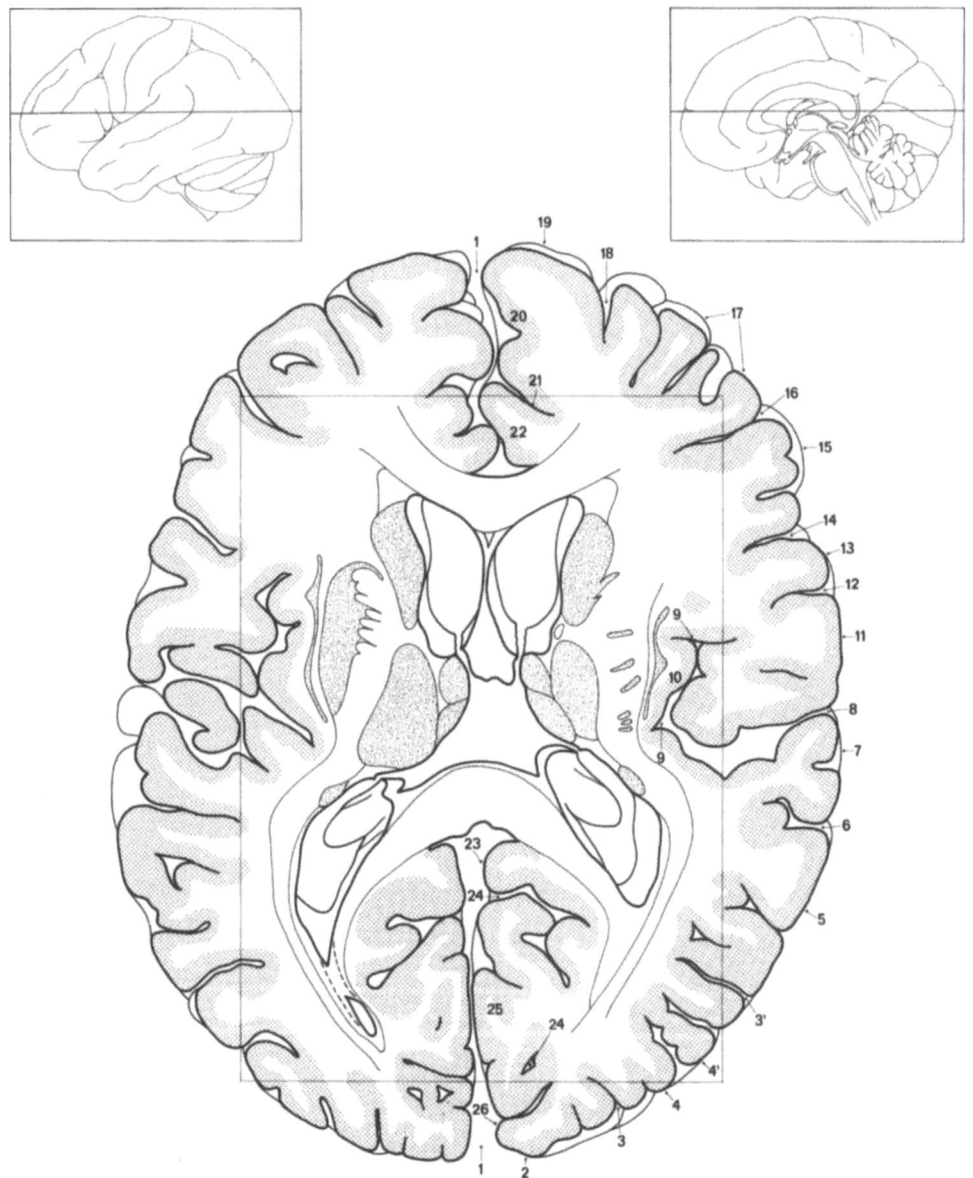

Abb. 86. Horizontalschnitt durch Genu und Splenium corporis callosi (Ausschnitt vgl. Abb. 87)

1. Fissura longitudinalis cerebri
2. Cuneus
3 et 3'. Sulci occipitales
4 et 4'. Gyri occipitales
5. Gyrus temporalis medius
6. Sulcus temporalis superior
7. Gyrus temporalis superior
8. Sulcus lateralis
9. Sulcus circularis insulae
10. Gyrus longus insulae
11. Gyrus postcentralis
12. Sulcus centralis
13. Gyrus precentralis
14. Sulcus precentralis
15. Gyrus frontalis inferior: pars opercularis
16. Sulcus frontalis inferior
17. Gyrus frontalis medius
18. Sulcus frontalis superior
19. Gyrus frontalis superior
20. Gyrus frontalis medialis
21. Sulcus cinguli
22. Gyrus cinguli
23. Isthmus gyri cinguli
24. Sulcus calcarinus
25. Gyrus occipitotemporalis medialis
26. Cuneus

VI Horizontalschnitte des Gehirns

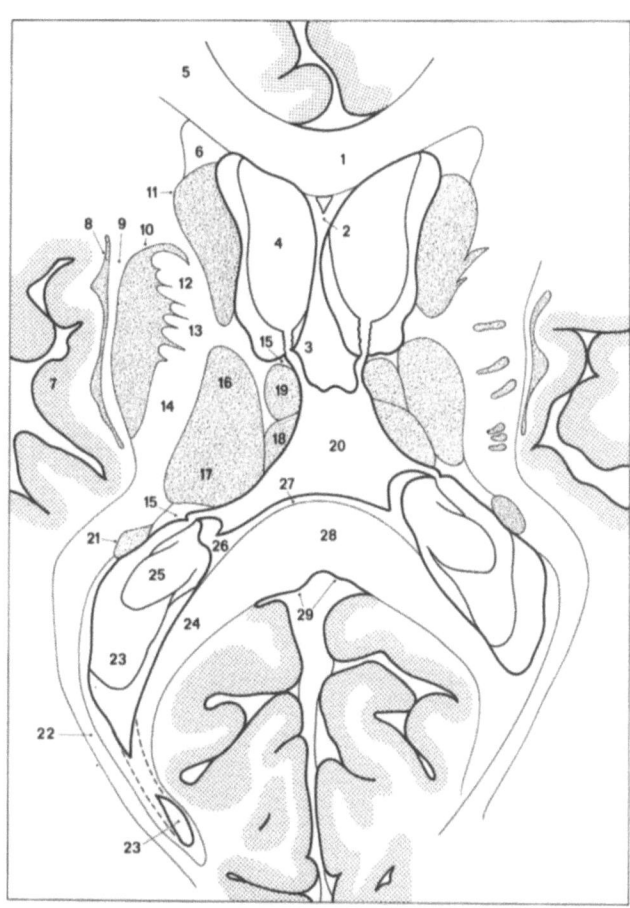

Abb. 87. Ausschnittsvergrößerung aus Abb. 86

1. Genu corporis callosi
2. Septum pellucidum et cavum septi pellucidi
3. Corpus fornicis et taenia fornicis
4. Ventriculus lateralis: cornu anterius
5. Radiatio corporis callosi: forceps minor
6. Stratum subependymale
7. Insula
8. Claustrum
9. Capsula externa
10. Nucleus lentiformis: putamen
11. Caput nuclei caudati
12. Crus anterius capsulae internae
13. Genu capsulae internae
14. Crus posterius capsulae internae
15. Stria terminalis et taenia choroidea
16. Thalamus: nucleus dorsalis
17. Thalamus: nucleus posterior
18. Thalamus: nucleus dorsalis
19. Thalamus: nuclei anteriores
20. Fissura transversalis cerebri: pars mediana
21. Cauda nuclei caudati
22. Radiatio optica
23. Ventriculus lateralis: cornu posterius
24. Radiatio corporis callosi: forceps major
25. Gyrus fasciolaris
26. Crus fornicis et taenia fornicis
27. Commissura fornicis
28. Splenium corporis callosi
29. Striae longitudinales

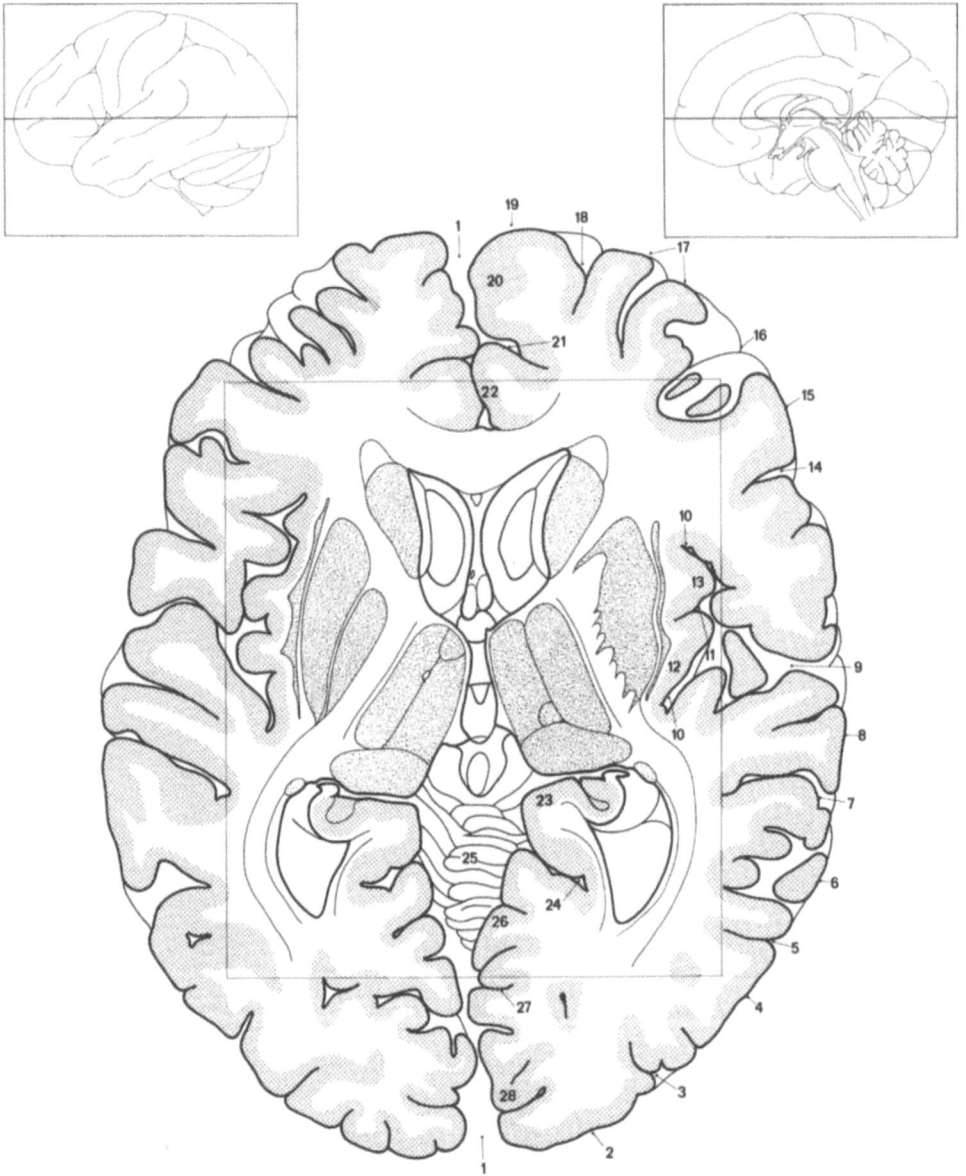

Abb. 88. Horizontalschnitt durch das Corpus pineale und die Foramina interventricularia (Ausschnitt vgl. Abb. 89)

1. Fissura longitudinalis cerebri
2. Gyrus occipitalis
3. Sulcus occipitalis
4. Gyrus temporalis inferior
5. Sulcus temporalis inferior
6. Gyrus temporalis medius
7. Sulcus temporalis superior
8. Gyrus temporalis superior
9. Sulcus lateralis
10. Sulcus circularis insulae
11. Sulcus centralis insulae
12. Gyrus longus insulae
13. Gyri breves insulae
14. Sulcus lateralis: ramus ascendens
15. Gyrus frontalis inferior: pars triangularis
16. Sulcus frontalis inferior
17. Gyrus frontalis medius
18. Sulcus frontalis superior
19. Gyrus frontalis superior
20. Gyrus frontalis medialis
21. Sulcus cinguli
22. Gyrus cinguli
23. Gyrus parahippocampalis
24. Sulcus calcarinus
25. Vermis
26. Gyrus occipitotemporalis medialis
27. Sulcus calcarinus
28. Cuneus

VI Horizontalschnitte des Gehirns

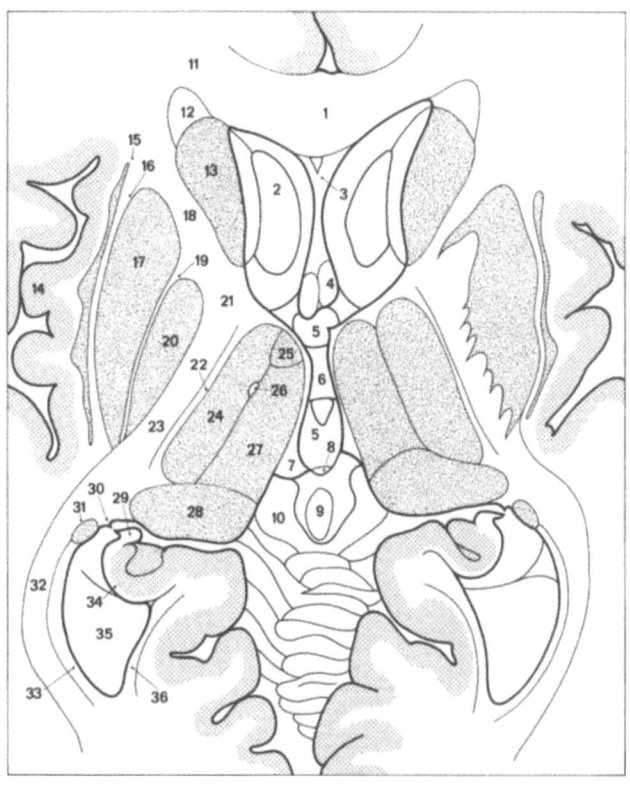

Abb. 89. Ausschnittsvergrößerung aus Abb. 88

1. Genu corporis callosi
2. Ventriculus lateralis: cornu anterius
3. Septum pellucidum et cavum septi pellucidi
4. Columna fornicis
5. Ventriculus tertius
6. Adhesio interthalamica
7. Nuclei habenulares
8. Commissura posterior
9. Corpus pineale
10. Colliculus superior
11. Radiatio corporis callosi: forceps minor
12. Stratum subependymale
13. Caput nuclei caudati
14. Insula
15. Claustrum
16. Capsula externa
17. Nucleus lentiformis: putamen
18. Crus anterius capsulae internae
19. Lamina medullaris
20. Nucleus lentiformis: globus pallidus
21. Genu capsulae internae
22. Thalamus: nucleus reticularis
23. Crus posterior capsulae internae
24. Thalamus: nuclei laterales
25. Thalamus: nucleus anterior
26. Fasciculus mamillothalamicus
27. Thalamus: nucleus medialis
28. Thalamus: nucleus posterior
29. Stria terminalis et taenia choroidea
30. Fimbria hippocampi et taenia fornicis
31. Cauda nuclei caudati
32. Radiatio optica
33. Tapetum
34. Alveus hippocampi
35. Ventriculus lateralis: cornu inferius
36. Radiatio corporis callosi

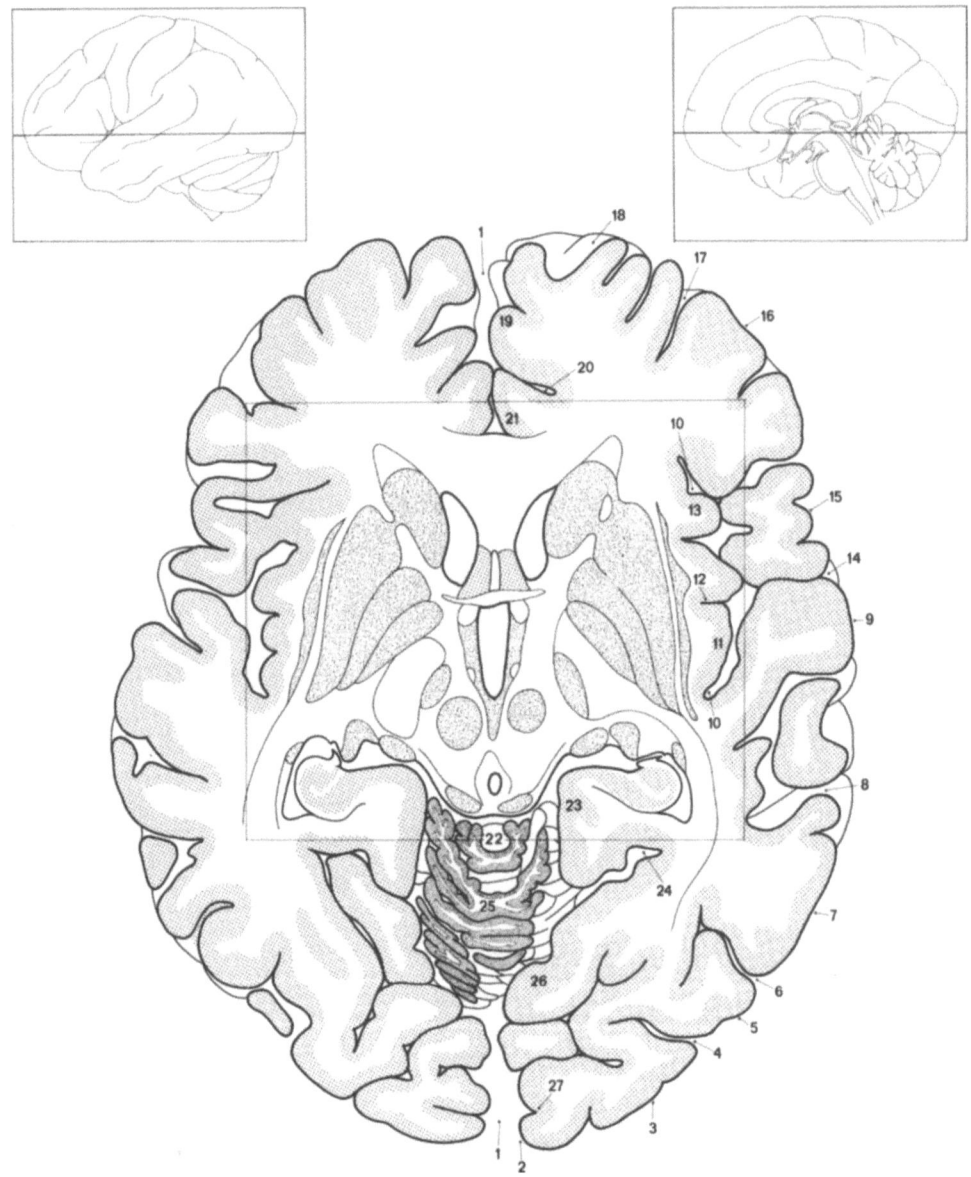

Abb. 90. Horizontalschnitt durch die Commissura anterior (Ausschnitt vgl. Abb. 91)

1. Fissura longitudinalis cerebri
2. Gyrus occipitotemporalis lateralis
3. Gyrus occipitalis
4. Sulcus occipitalis
5. Gyrus temporalis inferior
6. Sulcus temporalis inferior
7. Gyrus temporalis medius
8. Sulcus temporalis superior
9. Gyrus temporalis superior
10. Sulcus circularis insulae
11. Gyrus longus insulae
12. Sulcus centralis insulae
13. Gyri breves insulae
14. Sulcus lateralis
15. Sulcus lateralis: ramus ascendens
16. Gyrus frontalis inferior
17. Sulcus frontalis inferior
18. Gyrus frontalis medius
19. Gyrus frontalis medialis
20. Sulcus cinguli
21. Gyrus cinguli
22. Lobulus centralis
23. Gyrus parahippocampalis
24. Sulcus collateralis
25. Culmen
26. Gyrus occipitotemporalis medialis
27. Sulcus occipitotemporalis

VI Horizontalschnitte des Gehirns

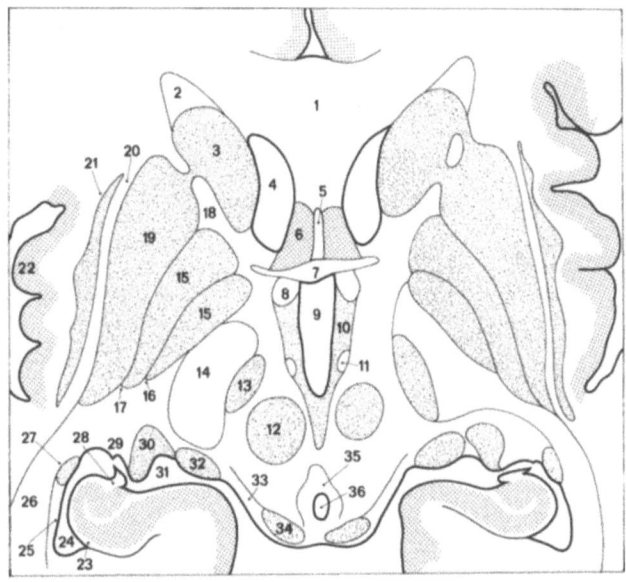

Abb. 91. Ausschnittsvergrößerung aus Abb. 90

1. Genu corporis callosi
2. Stratum subependymale
3. Caput nuclei caudati
4. Ventriculus lateralis: cornu anterius
5. Fissura longitudinalis cerebri
6. Area subcallosa
7. Commissura anterior
8. Columna fornicis
9. Hypothalamus
10. Ventriculus tertius
11. Fasciculus mamillothalamicus
12. Nucleus ruber
13. Nucleus subthalamicus
14. Crus posterius capsulae internae
15. Nucleus lentiformis: globus pallidus
16. Lamina medullaris medialis
17. Lamina medullaris lateralis
18. Crus anterius capsulae internae
19. Nucleus lentiformis: putamen
20. Capsula externa
21. Claustrum
22. Insula
23. Alveus hippocampi
24. Ventriculus lateralis: cornu inferius
25. Tapetum
26. Radiatio optica
27. Cauda nuclei caudati
28. Fimbria hippocampi et taenia fornicis
29. Stria terminalis et taenia choroidea
30. Nucleus corporis geniculati lateralis
31. Fissura transversalis cerebri: pars lateralis
32. Nucleus corporis geniculati medialis
33. Brachium colliculi inferioris
34. Nucleus colliculi inferioris
35. Substantia grisea centralis
36. Aqueductus cerebri

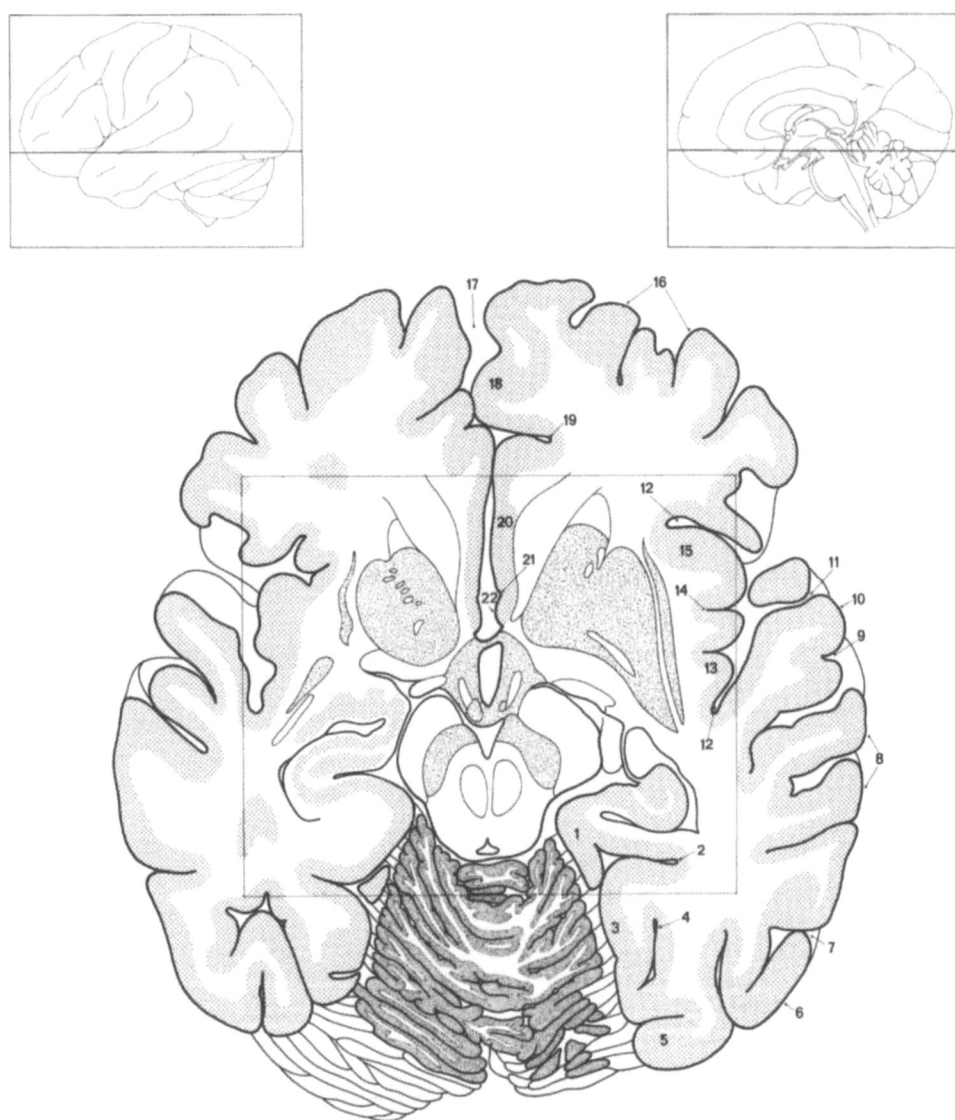

Abb. 92. Horizontalschnitt durch die Lamina terminalis und die Corpora mamillaria (Ausschnitt vgl. Abb. 93)

1. Gyrus parahippocampalis
2. Sulcus collateralis
3. Gyrus occipitotemporalis medialis
4. Sulcus occipitotemporalis
5. Gyrus occipitotemporalis lateralis
6. Gyrus temporalis inferior
7. Sulcus temporalis inferior
8. Gyrus temporalis medius
9. Sulcus temporalis superior
10. Gyrus temporalis superior
11. Sulcus lateralis
12. Sulcus circularis insulae
13. Gyrus longus insulae
14. Sulcus centralis insulae
15. Gyri breves insulae
16. Gyrus frontalis inferior
17. Fissura longitudinalis cerebri
18. Gyrus frontalis medialis
19. Sulcus cinguli
20. Gyrus cinguli
21. Sulcus parolfactorius anterior
22. Area subcallosa

VI Horizontalschnitte des Gehirns

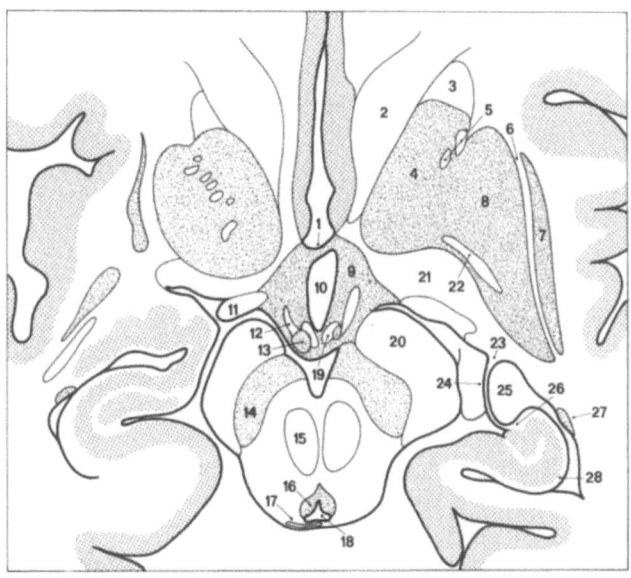

Abb. 93. Ausschnittsvergrößerung aus Abb. 92

1. Lamina terminalis
2. Radiatio corporis callosi: forceps minor
3. Stratum subependymale
4. Caput nuclei caudati
5. Crus anterior capsulae internae
6. Capsula externa
7. Claustrum
8. Nucleus lentiformis: putamen
9. Hypothalamus
10. Ventriculus tertius
11. Tractus opticus
12. Fasciculus mamillothalamicus
13. Nuclei corporis mamillaris
14. Substantia nigra
15. Pedunculus cerebelli superior
16. Substantia grisea centralis
17. Nervus trochlearis
18. Aqueductus cerebri
19. Columna fornicis
20. Pedunculus cerebri
21. Pars sublentiformis capsulae internae
22. Commissura anterior
23. Stria terminalis
24. Velum terminale
25. Ventriculus lateralis: cornu inferius
26. Fimbria hippocampi
27. Cauda nuclei caudati
28. Alveus hippocampi

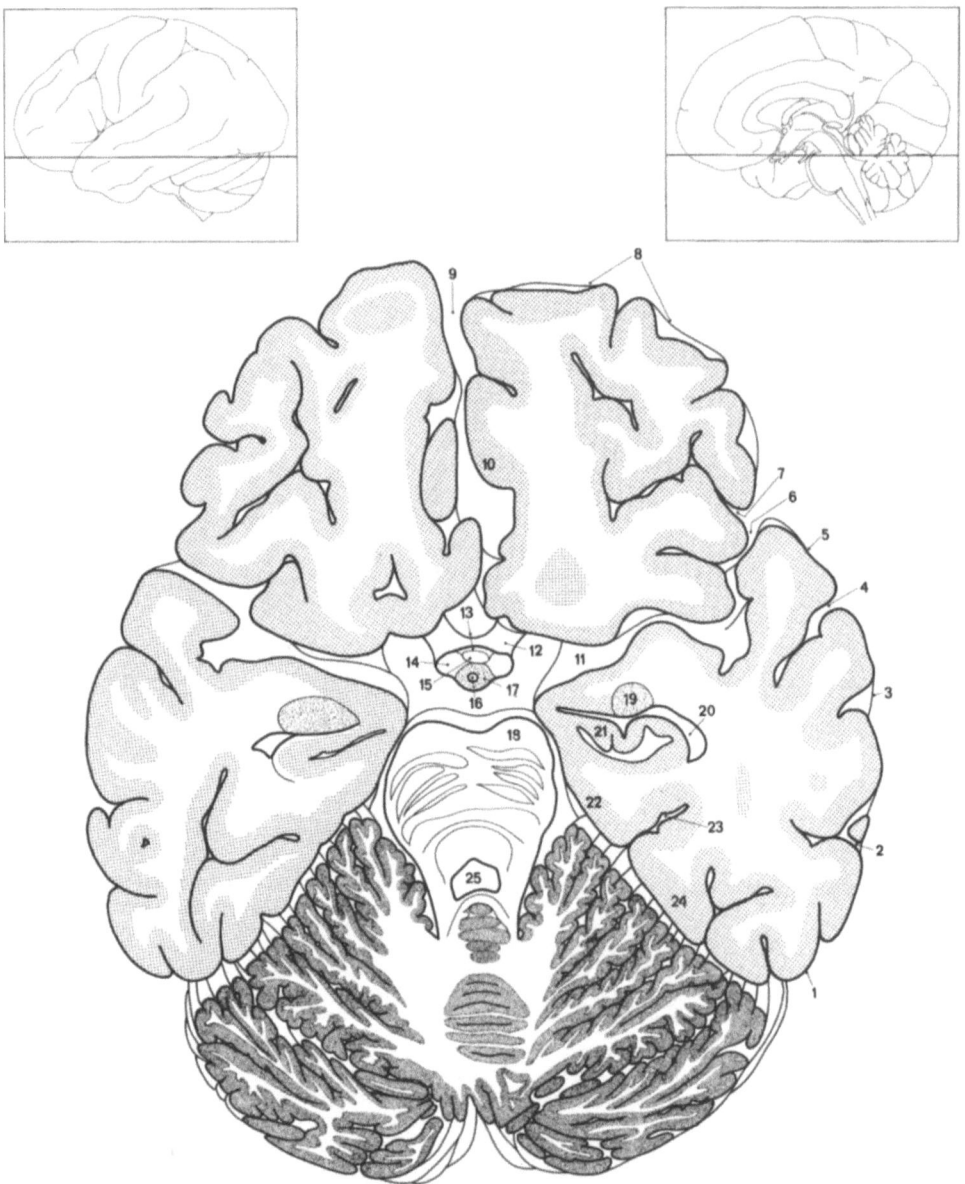

Abb. 94. Horizontalschnitt durch den Mittelteil der Brücke

1. Gyrus temporalis inferior
2. Sulcus temporalis inferior
3. Gyrus temporalis medius
4. Sulcus temporalis superior
5. Gyrus temporalis superior
6. Sulcus lateralis
7. Sulcus lateralis: ramus anterior
8. Gyrus frontalis inferior
9. Fissura longitudinalis cerebri
10. Gyrus frontalis medialis
11. Fossa lateralis cerebri
12. Nervus opticus
13. Chiasma opticum et lamina terminalis
14. Tractus opticus
15. Ventriculus tertius: recessus opticus
16. Ventriculus tertius: recessus infundibuli
17. Hypothalamus
18. Pons
19. Corpus amygdaloideum
20. Ventriculus lateralis: cornu inferius
21. Pes hippocampi*
22. Gyrus parahippocampalis
23. Sulcus collateralis
24. Gyrus occipitotemporalis lateralis
25. Ventriculus quartus
* Ammonshorn

VII Schrägschnitte des Gehirns

VII Schrägschnitte des Gehirns

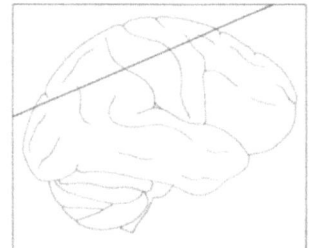
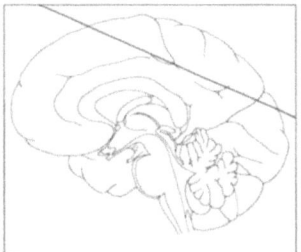
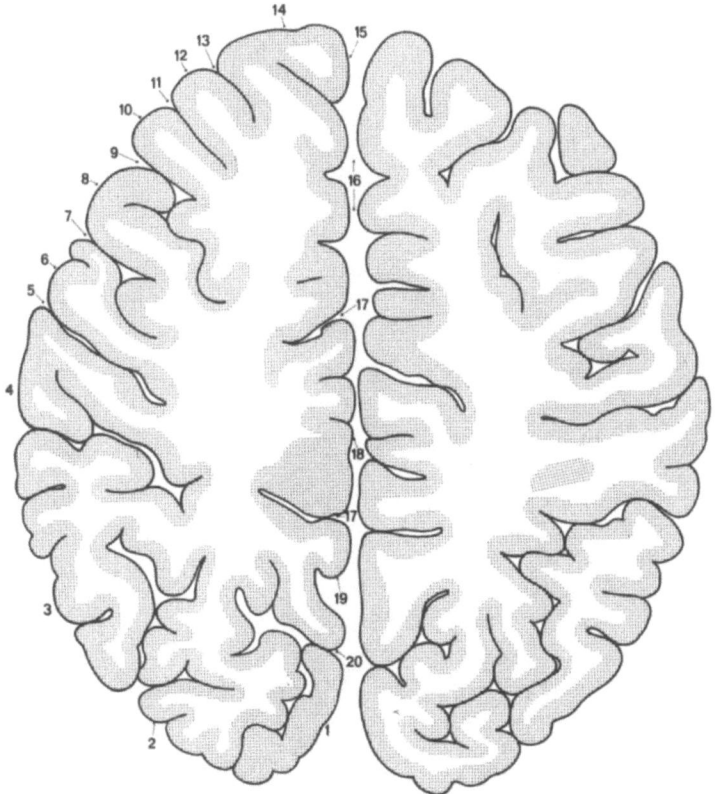

Abb. 95. Schrägschnitt durch das Centrum semiovale, Ansicht von unten

1. Cuneus
2. Gyrus occipitalis
3. Lobulus parietalis inferior
4. Gyrus supramarginalis
5. Sulcus postcentralis
6. Gyrus postcentralis
7. Sulcus centralis
8. Gyrus precentralis
9. Sulcus precentralis
10. Gyrus frontalis inferior
11. Sulcus frontalis inferior
12. Gyrus frontalis medius
13. Sulcus frontalis superior
14. Gyrus frontalis superior
15. Gyrus frontalis medialis
16. Fissura longitudinalis cerebri
17. Sulcus cinguli
18. Gyrus cinguli
19. Precuneus
20. Sulcus parietooccipitalis

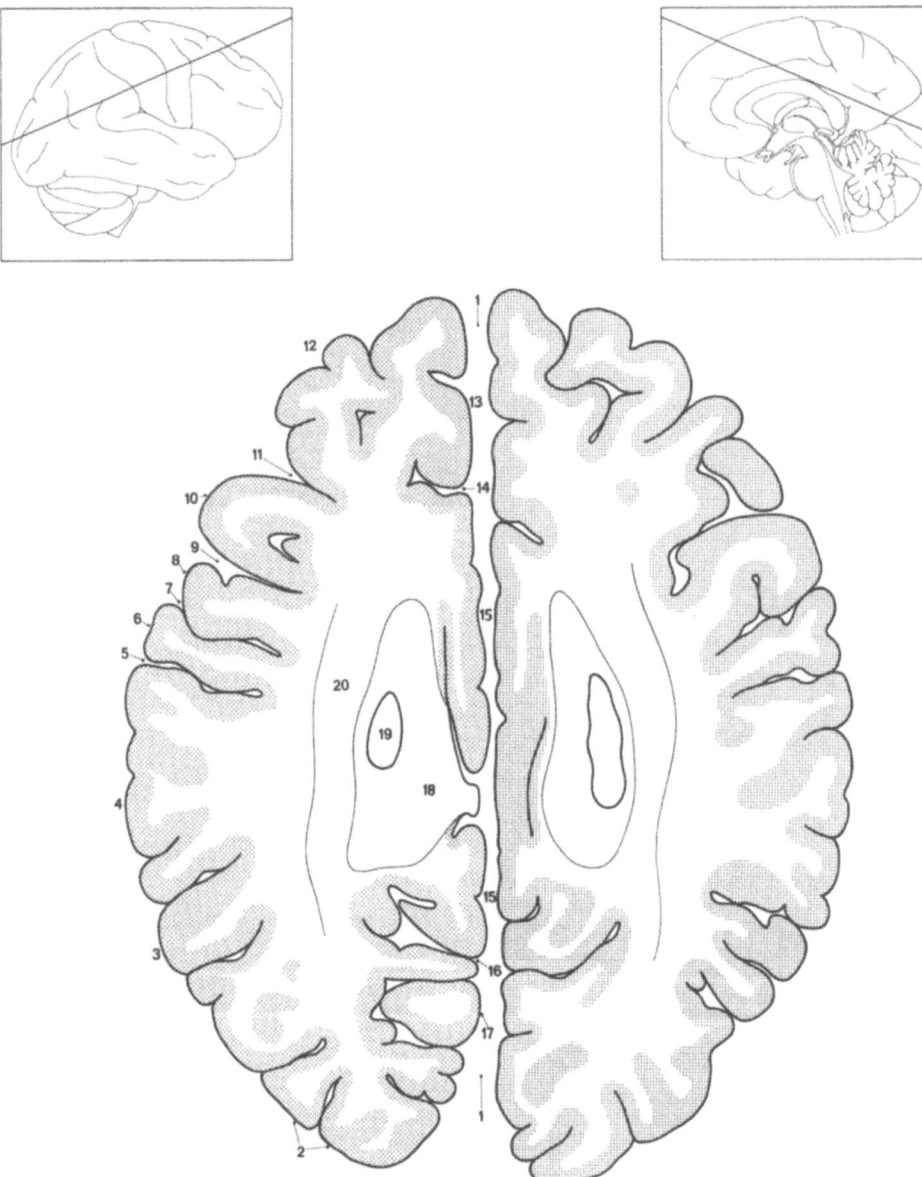

Abb. 96. Schrägschnitt durch den oberen Rand des Truncus corporis callosi, Ansicht von unten

1. Fissura longitudinalis cerebri
2. Gyrus occipitalis
3. Gyrus angularis
4. Gyrus supramarginalis
5. Sulcus postcentralis
6. Gyrus postcentralis
7. Sulcus centralis
8. Gyrus precentralis
9. Sulcus precentralis
10. Gyrus frontalis inferior
11. Sulcus frontalis inferior
12. Gyrus frontalis superior
13. Gyrus frontalis medialis
14. Sulcus cinguli
15. Gyrus cinguli
16. Sulcus parietooccipitalis
17. Cuneus
18. Truncus corporis callosi et radiatio corporis callosi
19. Ventriculus lateralis: pars centralis
20. Corona radiata

VII Schrägschnitte des Gehirns

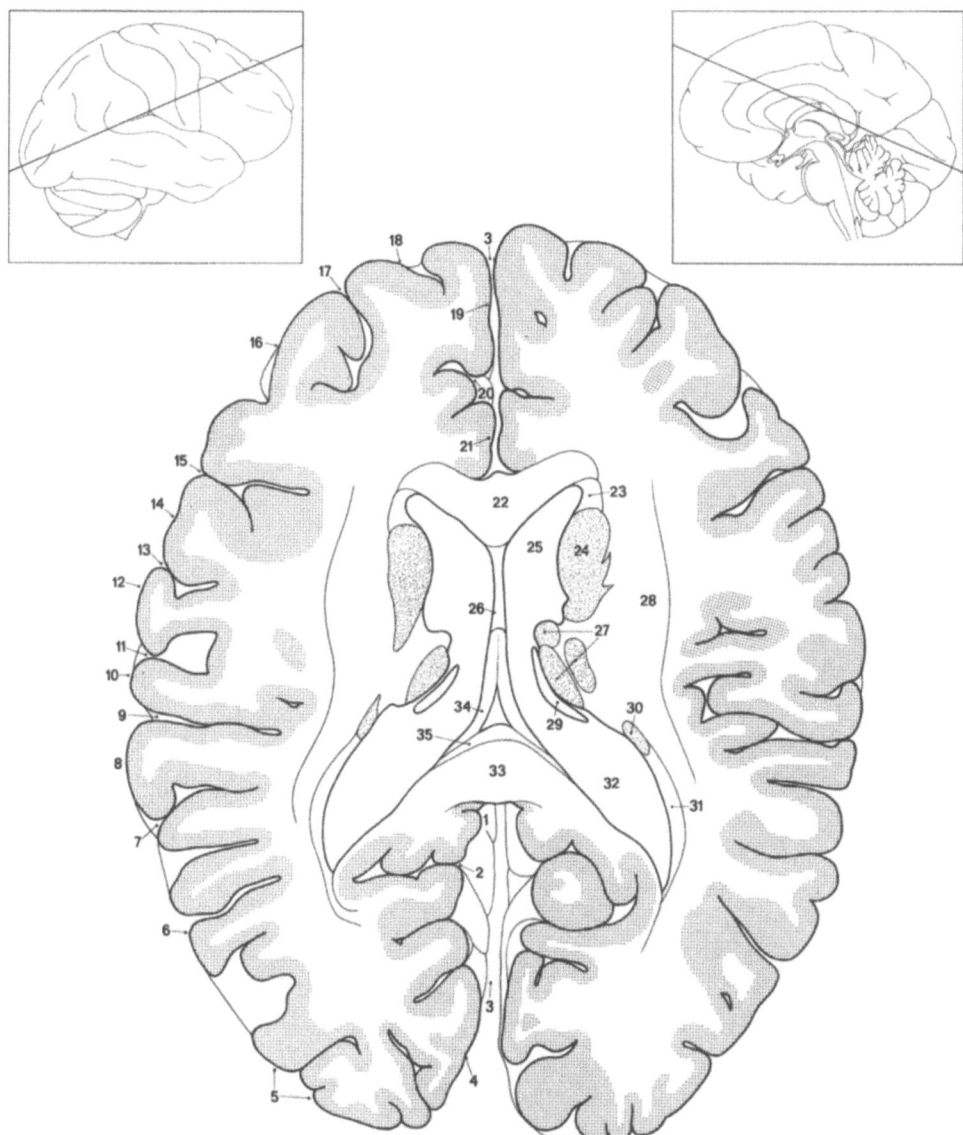

Abb. 97. Schrägschnitt durch den Zentralteil der Seitenventrikel, Ansicht von unten

1. Isthmus gyri cinguli
2. Sulcus calcarinus
3. Fissura longitudinalis cerebri
4. Gyrus lingualis
5. Gyri occipitales
6. Gyrus temporalis medius
7. Sulcus temporalis superior
8. Gyrus temporalis superior
9. Sulcus lateralis
10. Gyrus supramarginalis
11. Sulcus postcentralis
12. Gyrus centralis
13. Sulcus centralis
14. Gyrus precentralis
15. Sulcus precentralis
16. Gyrus frontalis medius
17. Sulcus frontalis superior
18. Gyrus frontalis superior
19. Gyrus frontalis medialis
20. Sulcus cinguli
21. Gyrus cinguli
22. Genu corporis callosi
23. Stratum subependymale
24. Caput nuclei caudati
25. Ventriculus lateralis: cornu anterius
26. Septum pellucidum
27. Nuclei thalami
28. Corona radiata
29. Crus fornicis
30. Cauda nuclei caudati
31. Tapetum
32. Ventriculus lateralis: cornu posterius
33. Splenium corporis callosi
34. Crus fornicis
35. Commissura fornicis

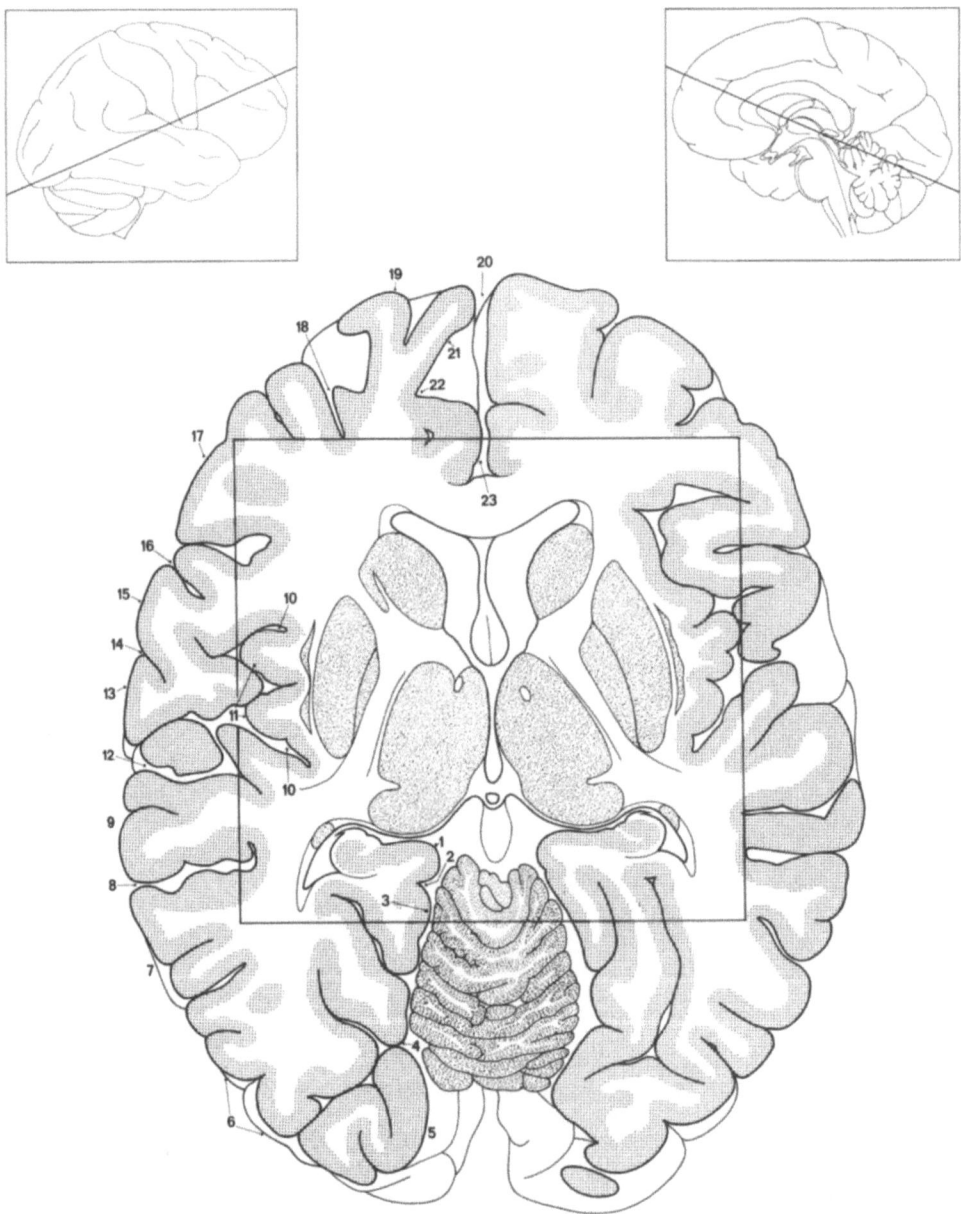

Abb. 98. Schrägschnitt durch das Corpus pineale und die Foramina interventricularia, Ansicht von unten (Ausschnitt vgl. Abb. 99)

1. Isthmus gyri cinguli
2. Sulcus calcarinus
3. Gyrus lingualis
4. Sulcus collateralis
5. Gyrus occipitotemporalis lateralis
6. Gyri occipitales
7. Gyrus temporalis medius
8. Sulcus temporalis superior
9. Gyrus temporalis superior
10. Sulcus circularis insulae
11. Gyri breves insulae
12. Sulcus lateralis
13. Gyrus postcentralis
14. Sulcus centralis
15. Gyrus precentralis
16. Sulcus precentralis
17. Gyrus frontalis inferior
18. Sulcus frontalis inferior
19. Gyrus frontalis medius
20. Fissura longitudinalis cerebri
21. Gyrus frontalis medialis
22. Sulcus cinguli
23. Gyrus cinguli

VII Schrägschnitte des Gehirns

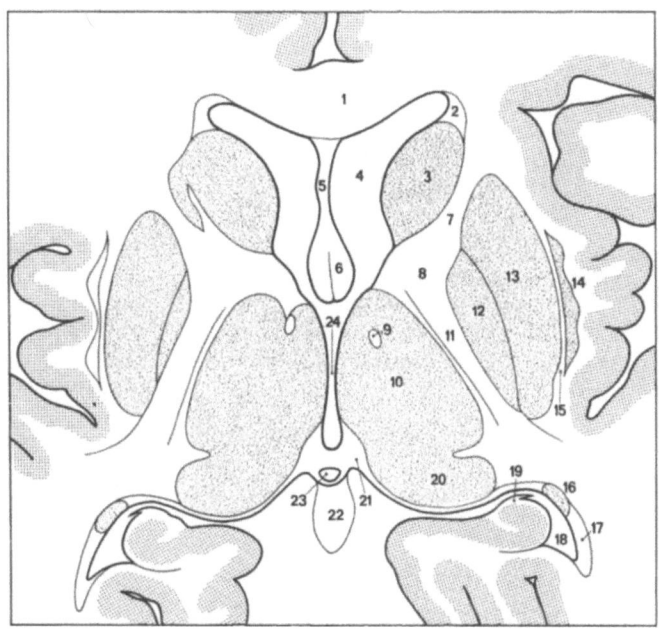

Abb. 99. Ausschnittsvergrößerung aus Abb. 98

1. Genu corporis callosi
2. Stratum subependymale
3. Caput nuclei caudati
4. Ventriculus lateralis: cornu anterius
5. Septum pellucidum
6. Corpus fornicis
7. Crus anterius capsulae internae
8. Genu capsulae internae
9. Fasciculus mamillothalamicus
10. Nuclei thalami
11. Crus posterius capsulae internae
12. Nucleus lentiformis: globus pallidus
13. Nucleus lentiformis: putamen
14. Claustrum
15. Capsula externa
16. Cauda nuclei caudati
17. Tapetum
18. Ventriculus lateralis: cornu inferius
19. Fimbria hippocampi et taenia fornicis
20. Thalamus: nucleus posterior
21. Nuclei habenulares
22. Corpus pineale
23. Recessus pinealis
24. Ventriculus tertius

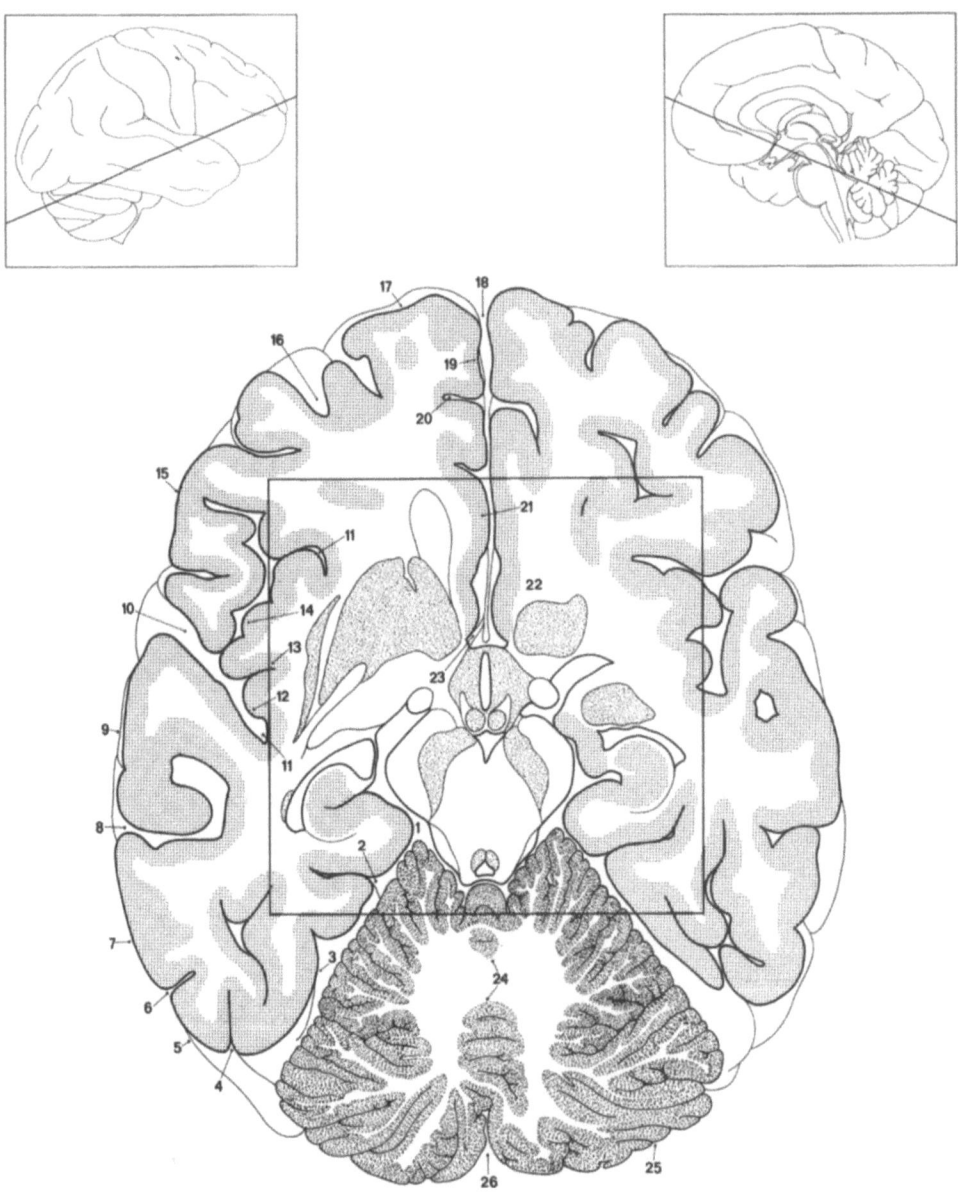

Abb. 100. Schrägschnitt durch die Corpora mamillaria, Ansicht von unten (Ausschnitt vgl. Abb. 101)

1. Gyrus parahippocampalis
2. Sulcus collateralis
3. Gyrus occipitotemporalis lateralis
4. Sulcus occipitotemporalis lateralis
5. Gyrus temporalis inferior
6. Sulcus temporalis inferior
7. Gyrus temporalis medius
8. Sulcus temporalis superior
9. Gyrus temporalis superior
10. Sulcus lateralis
11. Sulcus circularis insulae
12. Gyrus longus insulae
13. Sulcus centralis insulae
14. Gyri breves insulae
15. Gyrus frontalis inferior: pars opercularis
16. Sulcus frontalis inferior
17. Gyrus frontalis medius
18. Fissura longitūdinalis cerebri
19. Gyrus frontalis medialis
20. Sulcus cinguli
21. Gyrus cinguli
22. Area subcallosa
23. Stria olfactoria medialis
24. Vermis
25. Hemispherium cerebelli
26. Vallecula cerebelli

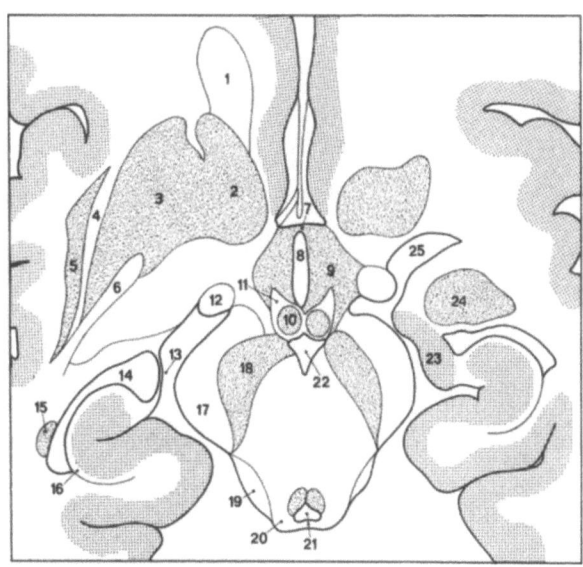

Abb. 101. Ausschnittsvergrößerung aus Abb. 100

1. Radiatio corporis callosi: forceps major
2. Caput nuclei caudati
3. Nucleus lentiformis: putamen
4. Capsula externa
5. Claustrum
6. Commissura anterior
7. Lamina terminalis
8. Ventriculus tertius
9. Nuclei hypothalami
10. Nuclei corporis mamillaris
11. Columna fornicis
12. Tractus opticus
13. Velum terminale
14. Ventriculus lateralis: cornu inferius
15. Cauda nuclei caudati
16. Alveus hippocampi
17. Crus cerebri
18. Substantia nigra
19. Brachium colliculi inferioris
20. Pedunculus cerebelli superior
21. Ventriculus quartus et velum medullare superius
22. Fossa interpeduncularis
23. Pes hippocampi*
24. Corpus amygdaloideum
25. Fissura transversalis cerebri: pars lateralis

* Ammonshorn

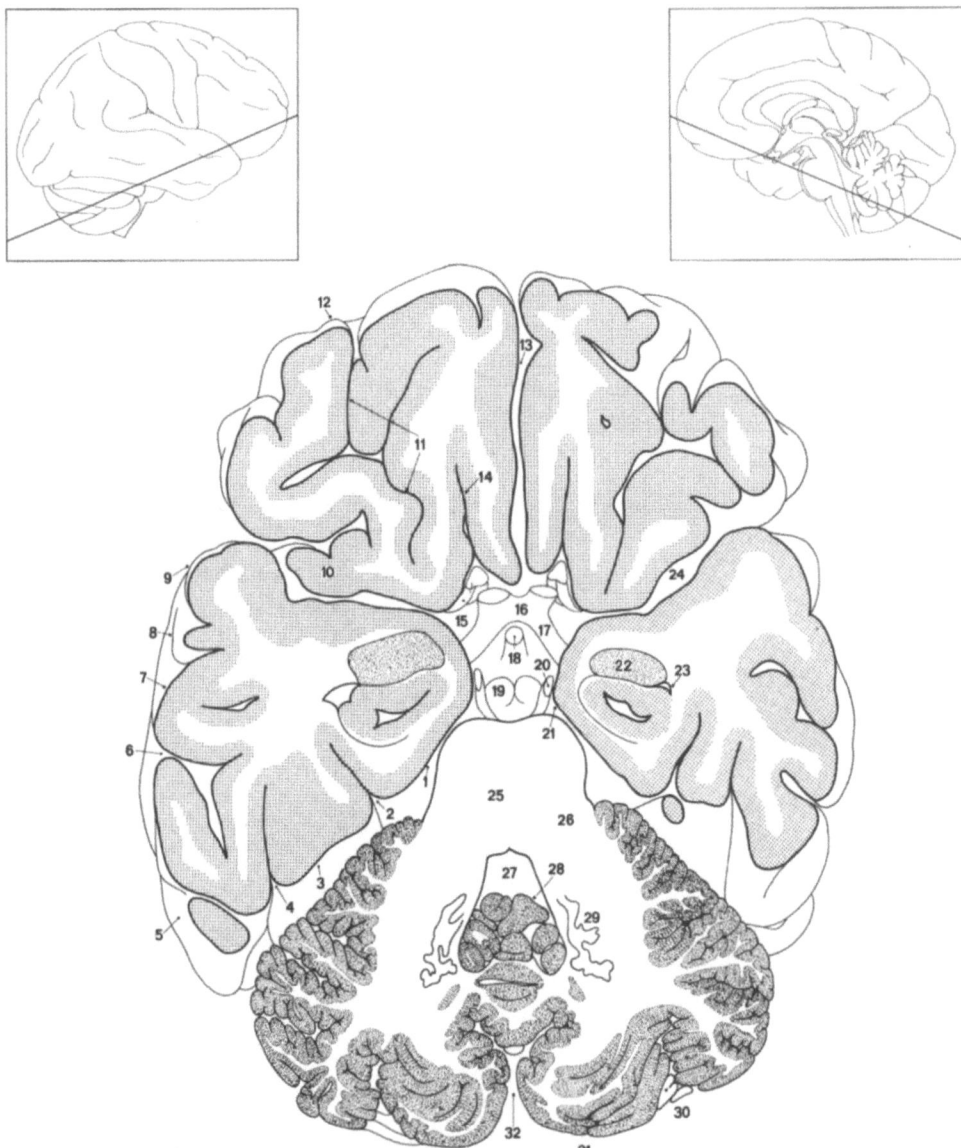

Abb. 102. Schrägschnitt durch das Chiasma opticum

1. Gyrus parahippocampalis
2. Sulcus collateralis
3. Gyrus occipitotemporalis lateralis
4. Sulcus occipitotemporalis lateralis
5. Gyrus temporalis inferior
6. Sulcus temporalis inferior
7. Gyrus temporalis medius
8. Sulcus temporalis superior
9. Gyrus temporalis superior
10. Gyri breves insulae
11. Sulci orbitales
12. Gyrus frontalis inferior
13. Gyrus rectus
14. Sulcus olfactorius
15. Tractus olfactorius
16. Chiasma opticum
17. Tractus opticus
18. Infundibulum
19. Corpus mamillare
20. Nervus oculomotorius
21. Gyrus ambiens
22. Corpus amygdaloideum
23. Ventriculus lateralis: cornu inferius
24. Fossa lateralis cerebri
25. Pons
26. Pedunculus cerebelli medius
27. Ventriculus quartus
28. Vermis
29. Nucleus dentatus
30. Fissura horizontalis
31. Hemispherium cerebelli
32. Vallecula cerebelli

VIII Transversalschnitte des Hirnstammes

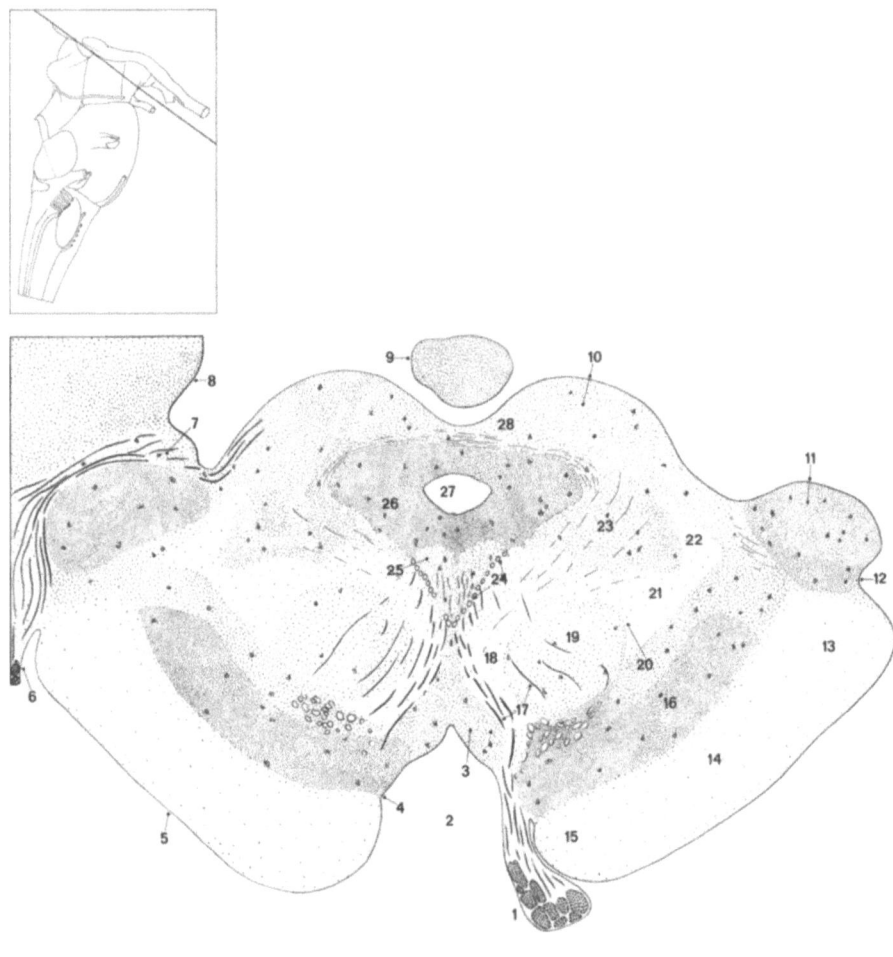

Abb. 103. Transversalschnitt des Mesenzephalons durch die Colliculi superiores

1. Nervus oculomotorius
2. Fossa interpeduncularis
3. Substantia perforata anterior
4. Sulcus medialis pedunculi cerebri
5. Pedunculus cerebri
6. Tractus opticus
7. Brachium colliculi superioris
8. Thalamus: nucleus posterior
9. Corpus pineale
10. Stratum zonale et stratum griseum colliculi superioris
11. Corpus geniculatum mediale et nucleus corporis geniculati medialis
12. Sulcus lateralis pedunculi cerebri
13. Tractus occipitopontinus et tractus temporopontinus
14. Tractus pyramidalis
15. Tractus frontopontinus
16. Substantia nigra
17. Nervus oculomotorius
18. Tractus tegmentalis centralis
19. Nucleus ruber
20. Pedunculus cerebelli superior (tractus cerebellothalamicus)
21. Lemniscus medialis
22. Lemniscus lateralis
23. Formatio reticularis
24. Fasciculus longitudinalis medialis
25. Nuclei nervi oculomotorii
26. Substantia grisea centralis
27. Aqueductus mesencephali
28. Commissura colliculorum superiorum

VIII Transversalschnitte des Hirnstammes

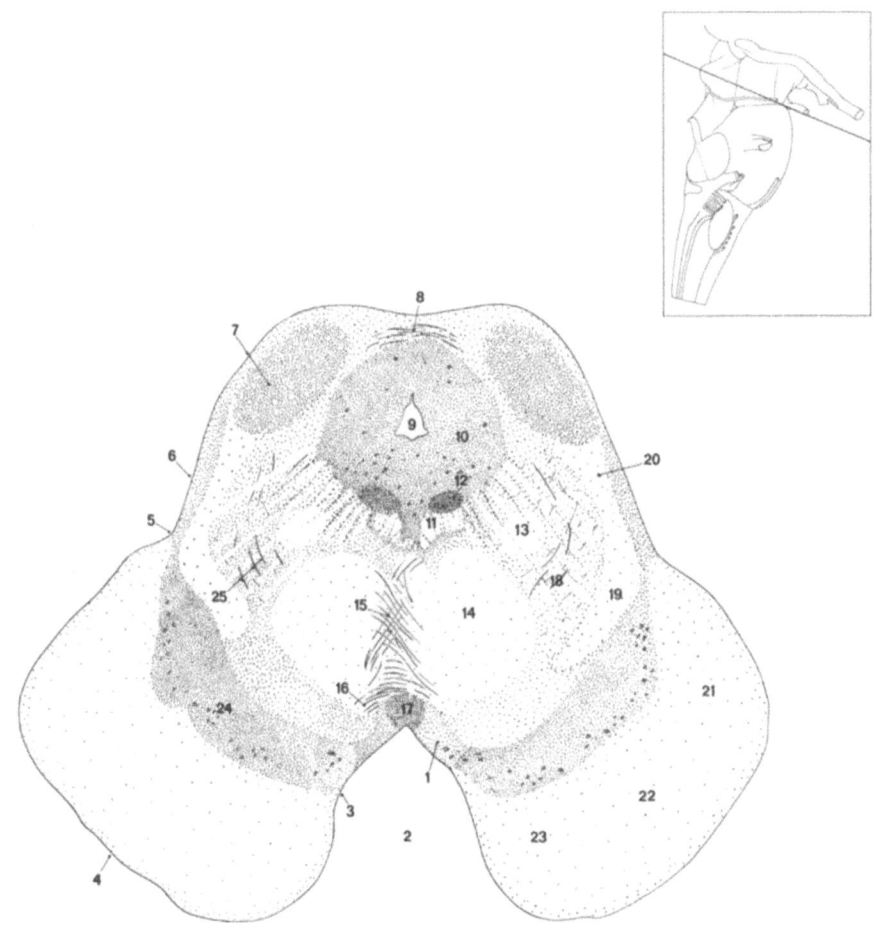

Abb. 104. Transversalschnitt des Mesenzephalons durch die Colliculi inferiores

1. Substantia perforata posterior
2. Fossa interpeduncularis
3. Sulcus medialis pedunculi cerebri
4. Pedunculus cerebri
5. Sulcus lateralis pedunculi cerebri
6. Trigonum lemnisci
7. Colliculus inferior et nucleus colliculi inferioris
8. Commissura colliculorum inferiorum
9. Aqueductus cerebri
10. Substantia grisea centralis
11. Fasciculus longitudinalis medialis
12. Nucleus nervi trochlearis
13. Tractus tegmentalis centralis
14. Pedunculus cerebelli superior
15. Decussatio pedunculorum cerebellarium superiorum
16. Tractus rubrospinalis
17. Nucleus interpeduncularis
18. Formatio reticularis
19. Lemniscus medialis
20. Lemniscus lateralis
21. Tractus occipitopontinus et tractus temporopontinus
22. Tractus pyramidalis
23. Tractus frontopontinus
24. Substantia nigra
25. Tractus tectospinalis

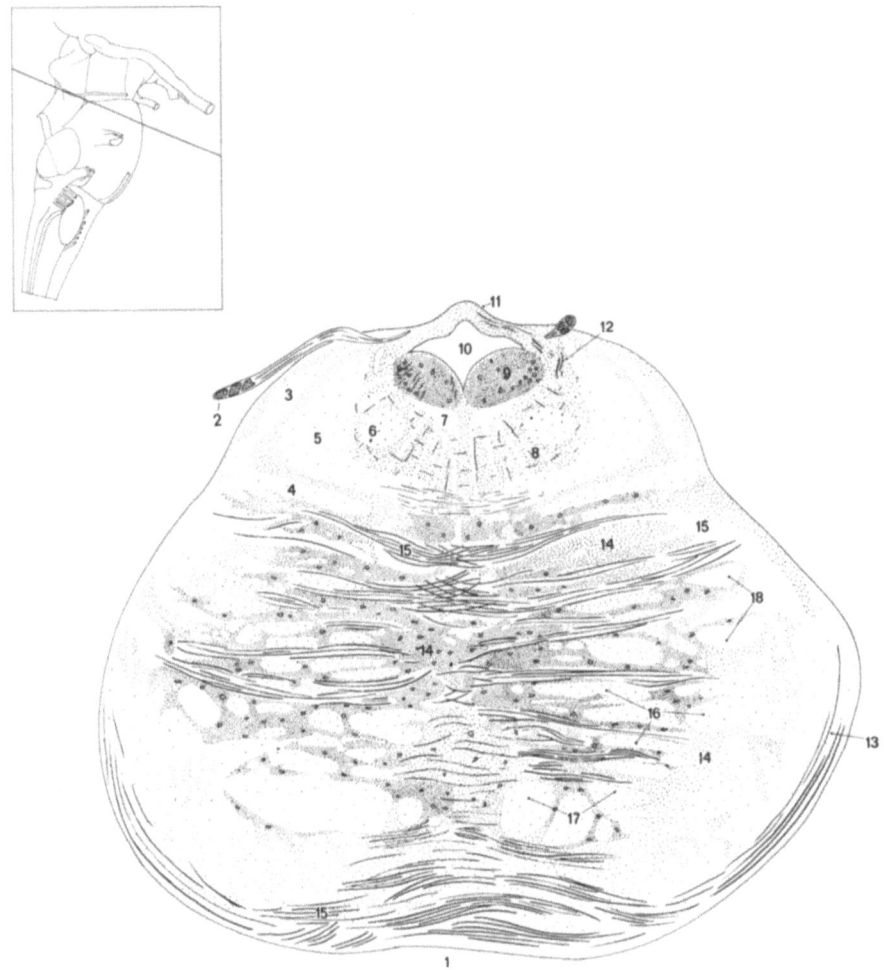

Abb. 105. Transversalschnitt der Brücke in Höhe der Nn. trochleares

1. Sulcus basilaris
2. Nervus trochlearis
3. Lemniscus lateralis
4. Lemniscus medialis
5. Pedunculus cerebelli superior
6. Tractus tegmentalis centralis
7. Fasciculus longitudinalis medialis
8. Formatio reticularis
9. Substantia grisea centralis
10. Ventriculus quartus
11. Velum medullare superius
12. Tractus mesencephalicus nervi trigemini
13. Pedunculus cerebelli medius
14. Nuclei pontis
15. Fibrae pontis transversae
16. Tractus pyramidalis
17. Tractus frontopontinus
18. Tractus occipitopontinus et tractus temporopontinus

VIII Transversalschnitte des Hirnstammes

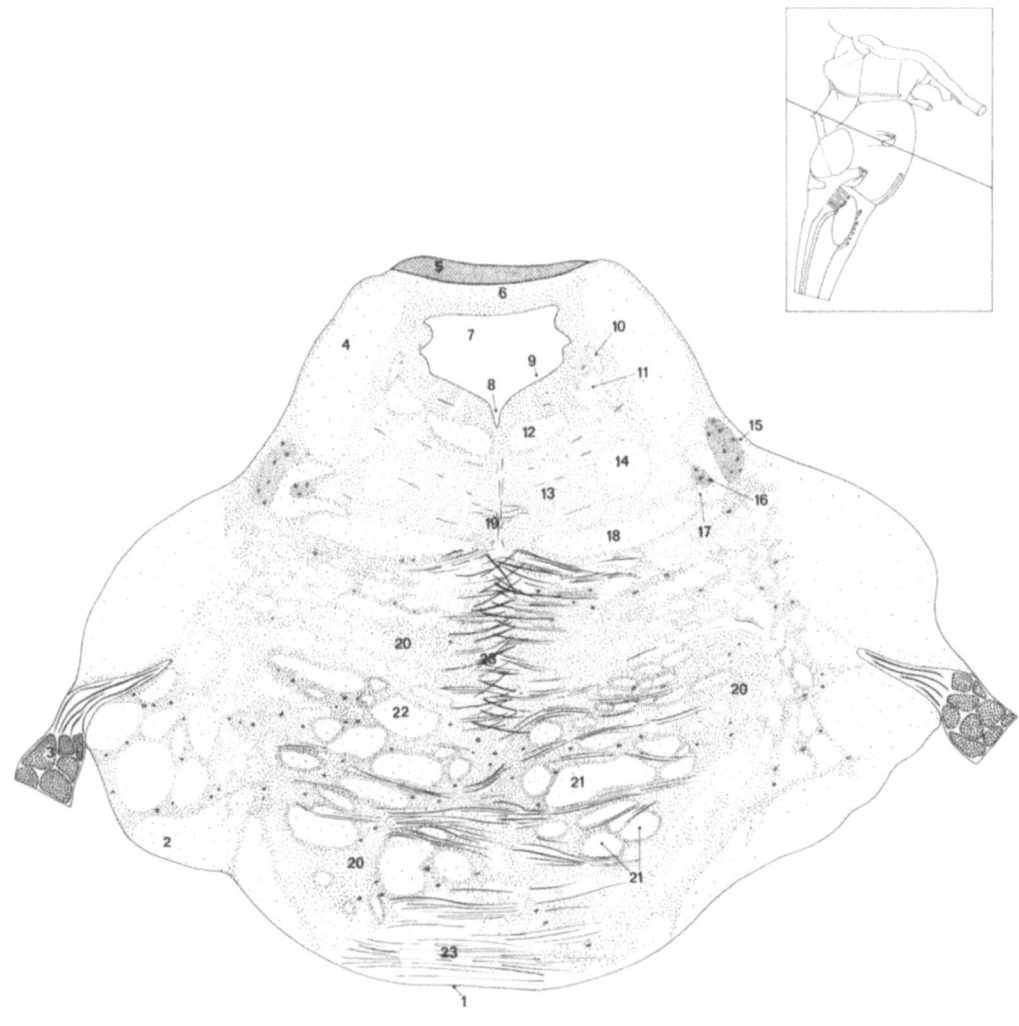

Abb. 106. Transversalschnitt der Brücke in Höhe der Nn. trigemini

1. Sulcus basilaris
2. Pedunculus cerebelli medius
3. Nervus trigeminus
4. Pedunculus cerebelli superior
5. Lingula cerebelli
6. Velum medullare superius
7. Ventriculus quartus
8. Sulcus medianus
9. Eminentia medialis
10. Tractus mesencephalicus nervi trigemini
11. Substantia ferruginea (nucleus ceruleus)
12. Fasciculus longitudinalis medialis
13. Formatio reticularis
14. Tractus tegmentalis centralis
15. Nucleus sensorius principalis nervi trigemini
16. Nucleus lemnisci lateralis
17. Lemniscus lateralis
18. Lemniscus medialis
19. Raphe
20. Nuclei pontis
21. Tractus pyramidalis
22. Tractus corticopontinus
23. Fibrae pontis transversae

Abb. 107. Transversalschnitt des unteren Brücken-Teiles in Höhe der Nuclei nn. abducentes

1. Nucleus fastigii
2. Nucleus globosus
3. Nucleus emboliformis
4. Nucleus dentatus
5. Pedunculus cerebelli superior
6. Tractus vestibulocerebellaris
7. Nodulus
8. Tonsilla
9. Velum medullare superius
10. Sulcus limitans
11. Eminentia medialis
12. Sulcus medianus
13. Ventriculus quartus
14. Tela choroidea*
15. Pedunculus cerebelli superior
16. Pedunculus cerebelli medius
17. Nuclei vestibulares
18. Nucleus nervi abducentis
19. Genu nervi facialis
20. Fasciculus longitudinalis medialis
21. Raphe
22. Nervus abducens
23. Lemniscus medialis
24. Formatio reticularis
25. Tractus tegmentalis centralis
26. Nuclei corporis trapezoidei
27. Nervus facialis
28. Tractus spinalis nervi trigemini
29. Fibrae pontis transversae
30. Nuclei pontis
31. Tractus pyramidalis
32. Flocculus
33. Sulcus basilaris

* Gestrichelte Linie

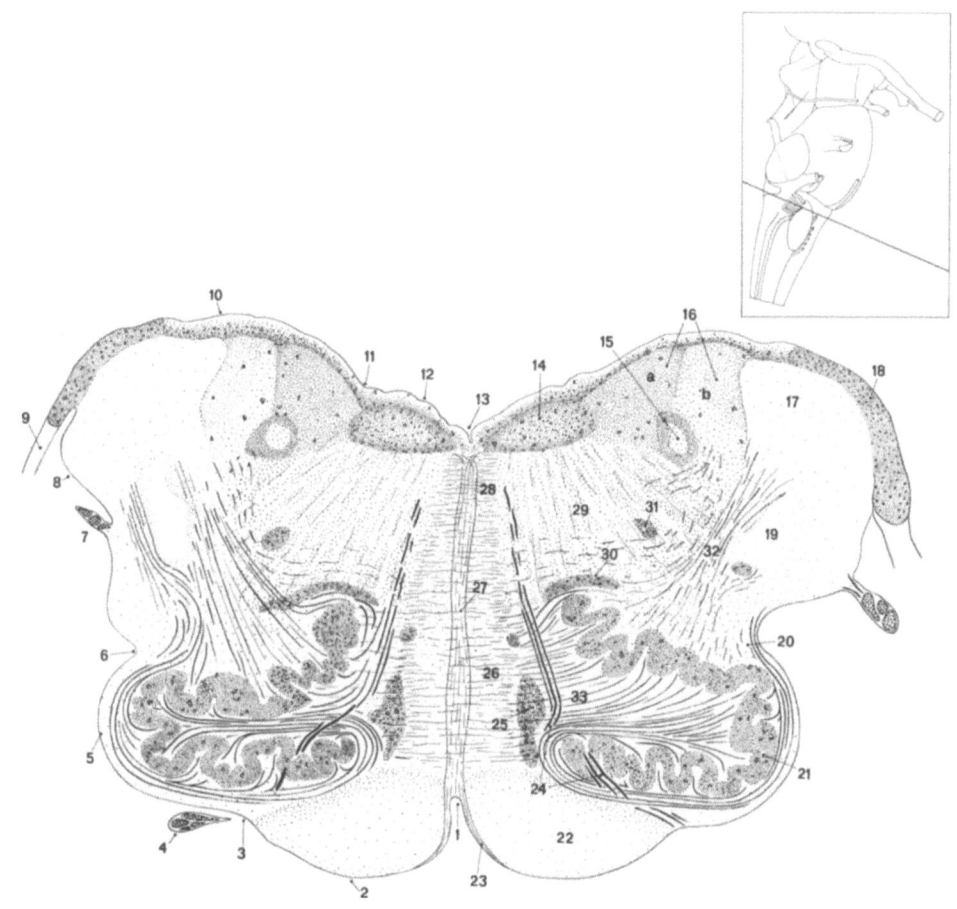

Abb. 108. Transversalschnitt durch die Medulla oblongata in Höhe des N. vestibulocochlearis

1. Fissura mediana
2. Pyramis
3. Sulcus lateralis anterior (sulcus olivae anterior)
4. Nervus hypoglossus
5. Oliva
6. Sulcus olivae posterior
7. Nervus glossopharyngeus
8. Corpus restiforme
9. Nervus vestibulocochlearis
10. Area vestibularis inferior
11. Sulcus limitans
12. Trigonum nervi hypoglossi
13. Sulcus medianus
14. Nucleus nervi hypoglossi
15. Nucleus tractus solitarii et tractus solitarius
16. Nucleus vestibularis medialis (a) et inferior (b)
17. Pedunculus cerebelli superior
18. Nucleus cochlearis dorsalis
19. Tractus spinalis nervi trigemini
20. Amiculum (tractus thalamoolivaris)
21. Nucleus olivaris
22. Tractus pyramidalis
23. Fibrae arcuatae externae
24. Nervus hypoglossus
25. Nucleus olivaris accessorius medialis
26. Lemniscus medialis
27. Raphe
28. Fasciculus longitudinalis medialis
29. Formatio reticularis
30. Nucleus olivaris accessorius
31. Nucleus ambiguus
32. Tractus olivocerebellaris
33. Hilus nuclei olivaris

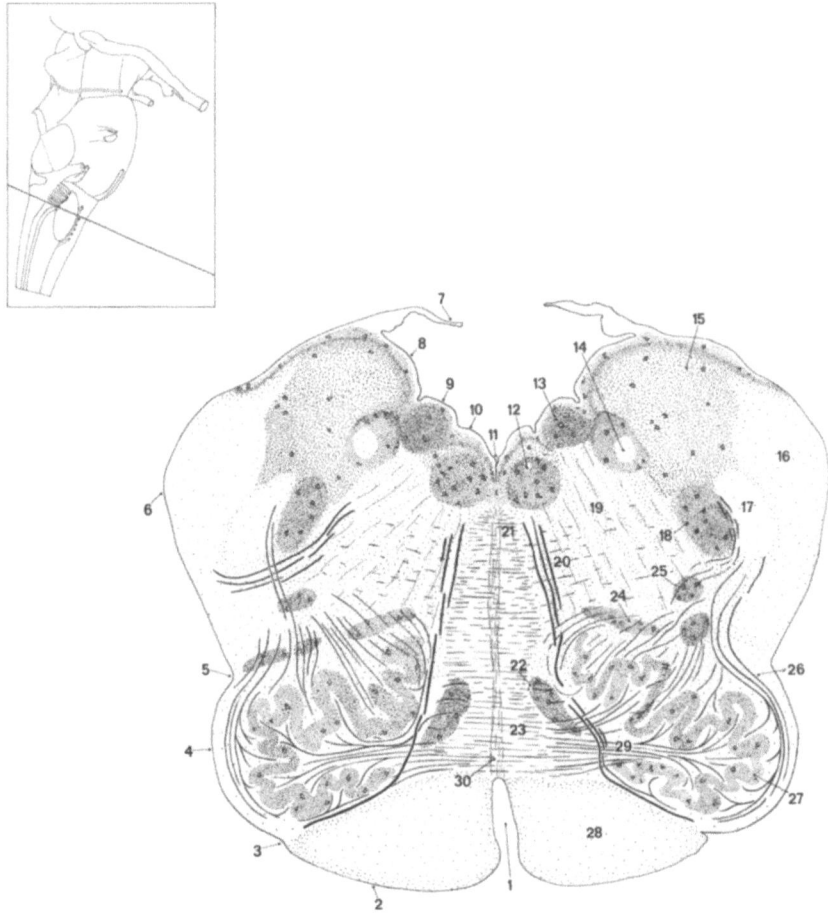

Abb. 109. Transversalschnitt durch die Medulla oblongata in Höhe des Mittelteils der Oliva

1. Fissura mediana
2. Pyramis
3. Sulcus lateralis anterior (sulcus olivae anterior)
4. Oliva
5. Sulcus olivae posterior
6. Corpus restiforme
7. Taenia ventriculi quarti
8. Area vestibularis inferior
9. Trigonum nervi vagi
10. Trigonum nervi hypoglossi
11. Sulcus medianus
12. Nucleus nervi hypoglossi
13. Nucleus dorsalis nervi vagi
14. Tractus solitarius et nucleus tractus solitarii
15. Nuclei vestibulares
16. Pedunculus cerebelli inferior
17. Tractus spinalis nervi trigemini
18. Nucleus tractus spinalis nervi trigemini
19. Formatio reticularis
20. Nervus hypoglossus
21. Fasciculus longitudinalis medialis
22. Nucleus olivaris accessorius medialis
23. Lemniscus medialis
24. Nucleus olivaris accessorius dorsalis
25. Nucleus ambiguus
26. Amiculum olivare (tractus thalamoolivaris)
27. Nucleus olivaris
28. Tractus pyramidalis
29. Hilus nuclei olivaris
30. Raphe et fibrae arcuatae

VIII Transversalschnitte des Hirnstammes

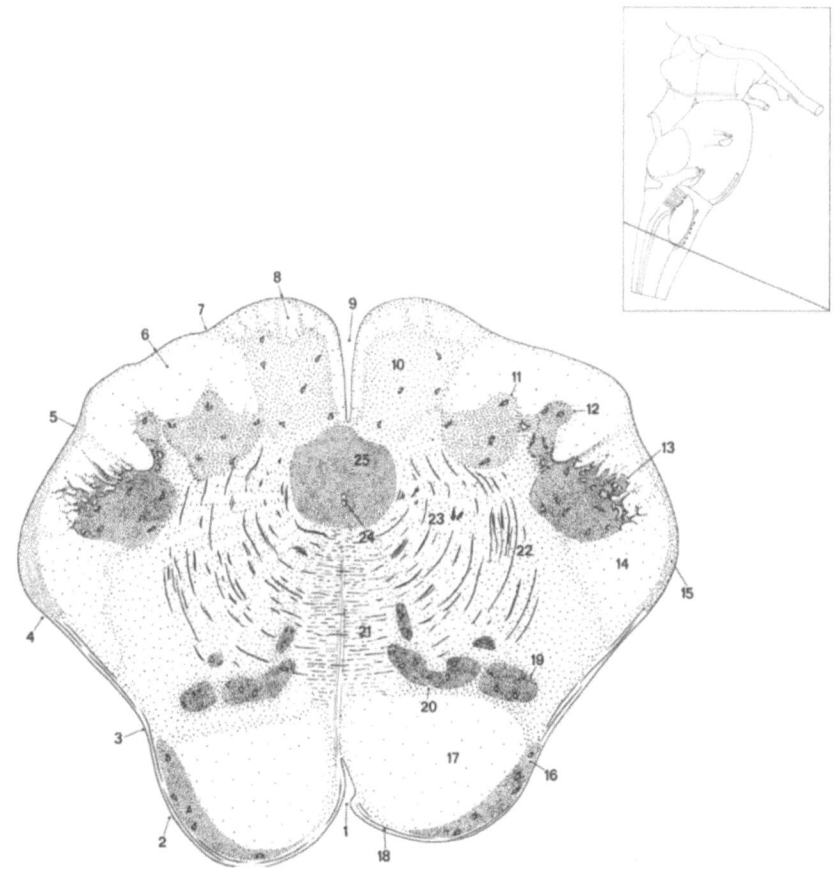

Abb. 110. Transversalschnitt durch den unteren Teil der Medulla oblongata in Höhe der Decussatio lemniscorum

1. Fissura mediana
2. Pyramis
3. Sulcus lateralis ventralis
4. Funiculus lateralis
5. Sulcus lateralis dorsalis
6. Fasciculus cuneatus
7. Sulcus intermedius dorsalis
8. Fasciculus gracilis
9. Sulcus medianus
10. Nucleus gracilis
11. Nucleus cuneatus
12. Nucleus cuneatus accessorius
13. Nucleus tractus spinalis nervi trigemini
14. Tractus spinalis nervi trigemini
15. Pedunculus cerebelli inferior
16. Nuclei arcuati
17. Tractus pyramidalis
18. Fibrae arcuatae externae
19. Nucleus olivaris
20. Nucleus olivaris accessorius medialis
21. Lemniscus medialis
22. Fibrae arcuatae internae
23. Formatio reticularis
24. Canalis centralis
25. Substantia grisea centralis

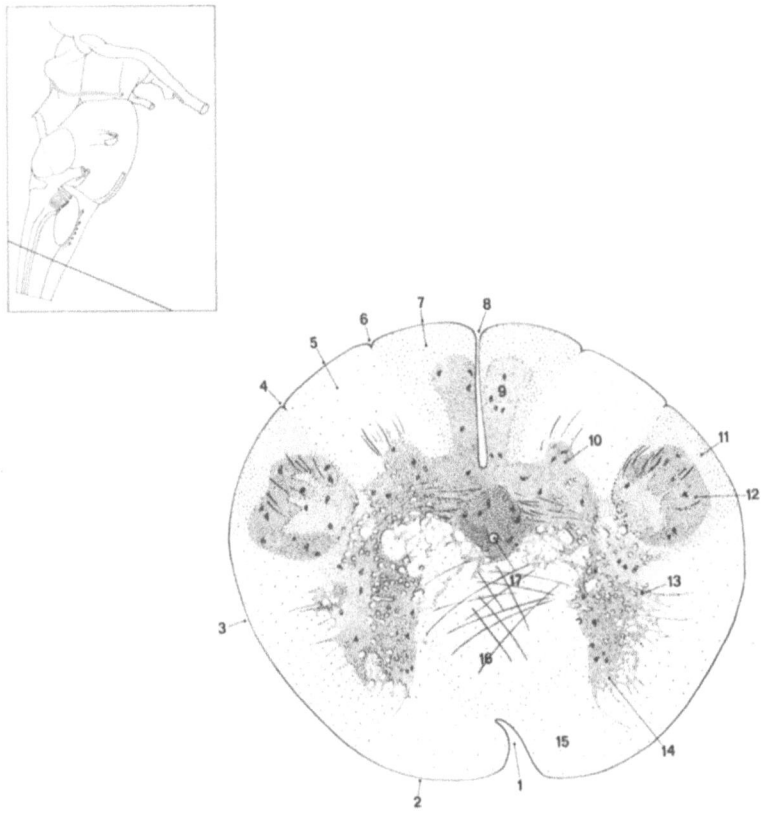

Abb. 111. Transversalschnitt durch den unteren Teil der Medulla oblongata in Höhe der Decussatio pyramidum

1. Fissura mediana
2. Funiculus anterior
3. Funiculus lateralis
4. Sulcus lateralis
5. Fasciculus cuneatus
6. Sulcus intermedius posterior
7. Fasciculus gracilis
8. Sulcus medianus
9. Nucleus gracilis
10. Nucleus cuneatus
11. Tractus spinalis nervi trigemini
12. Nucleus tractus spinalis nervi trigemini
13. Nucleus motorius nervi accessorii
14. Nucleus motorius nervi spinalis I
15. Tractus pyramidalis
16. Decussatio pyramidum
17. Canalis centralis

IX Horizontalschnitte des Rückenmarks

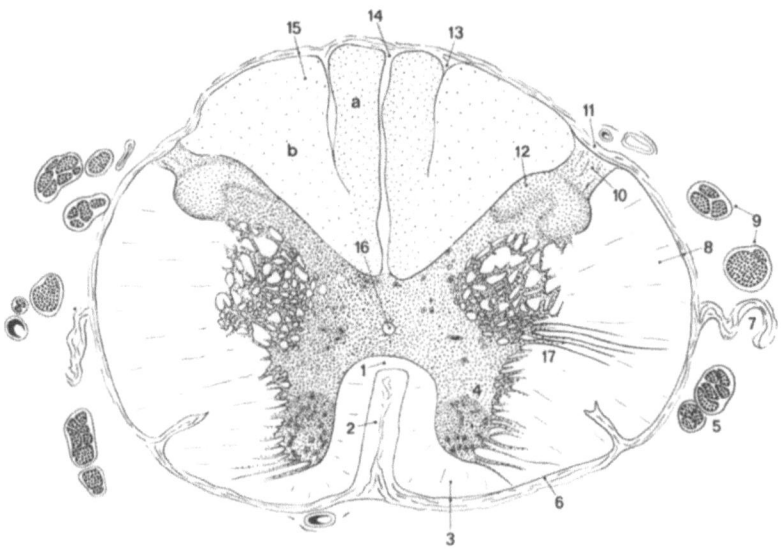

Abb. 112. Rückenmarksquerschnitt in Höhe des 2. Zervikalsegmentes (C$_2$)

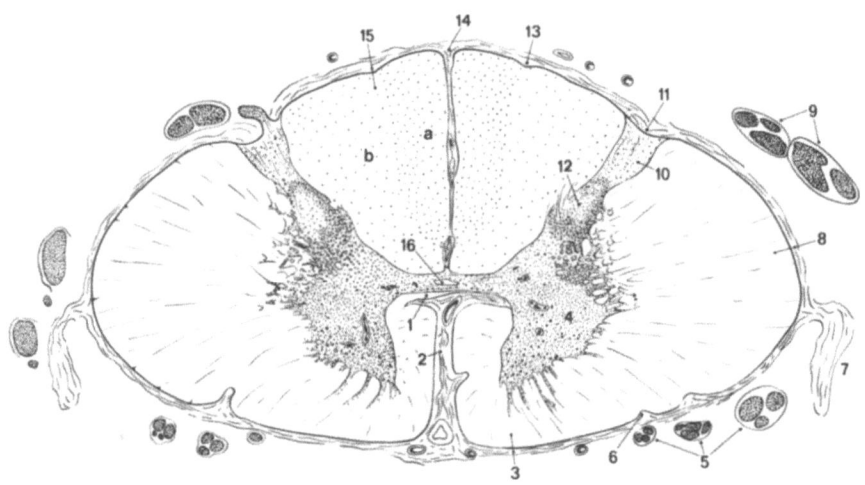

Abb. 113. Rückenmarksquerschnitt in Höhe des 4. Zervikalsegmentes (C$_4$)

1. Commissura alba
2. Fissura mediana
3. Funiculus anterior
4. Cornu anterius
5. Radix ventralis nervi spinalis
6. Sulcus lateralis anterior
7. Ligamentum denticulatum
8. Funiculus lateralis
9. Radix dorsalis nervi spinalis
10. Tractus dorsolateralis
11. Sulcus lateralis posterior
12. Cornu posterius
13. Sulcus intermedius posterior
14. Sulcus medianus (posterior)
15. Funiculus posterior: fasciculus gracilis (a) et fasciculus cuncatus (b)
16. Canalis centralis
17. Nervus accessorius: radices spinales

IX Horizontalschnitte des Rückenmarks

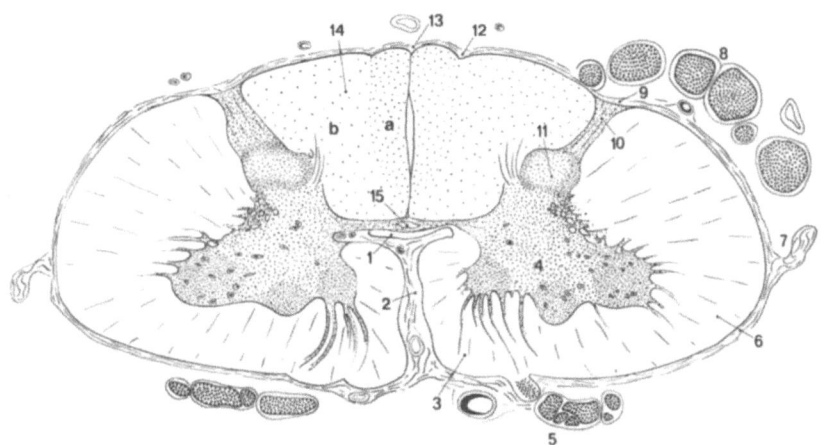

Abb. 114. Rückenmarksquerschnitt in Höhe des 8. Zervikalsegmentes (C_8)

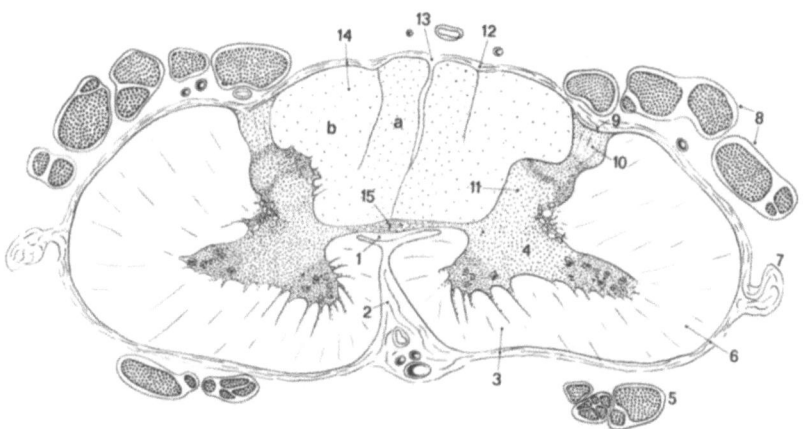

Abb. 115. Rückenmarksquerschnitt in Höhe des 1. Thorakalsegmentes (Th_1)

1. Commissura alba
2. Fissura mediana
3. Funiculus anterior
4. Cornu anterius
5. Radix ventralis nervi spinalis
6. Funiculus lateralis
7. Ligamentum denticulatum
8. Radix dorsalis nervi spinalis
9. Sulcus lateralis posterior
10. Tractus dorsolateralis
11. Cornu posterius
12. Sulcus intermedius posterior
13. Sulcus medianus et septum dorsale medianum
14. Funiculus posterior: fasciculus gracilis (a) et fasciculus cuneatus (b)
15. Canalis centralis

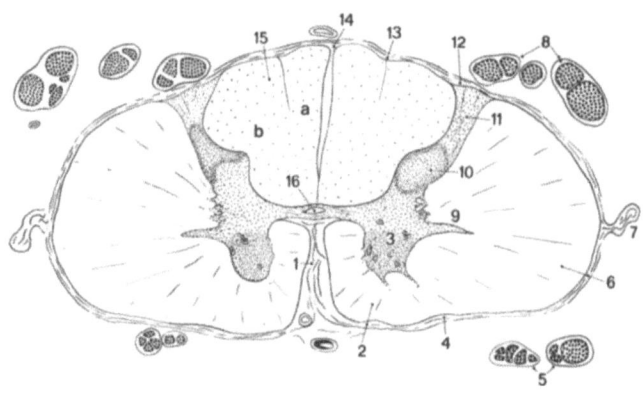

Abb. 116. Rückenmarksquerschnitt in Höhe des 2. Thorakalsegmentes (Th$_2$)

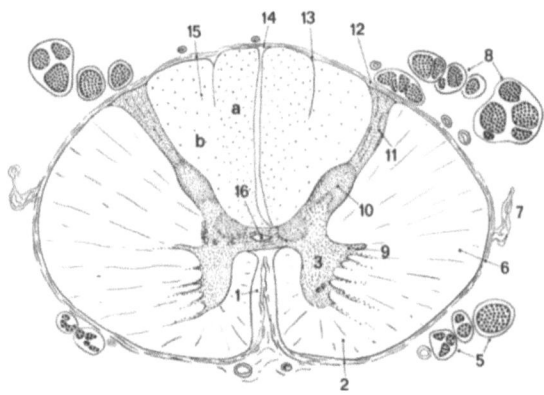

Abb. 117. Rückenmarksquerschnitt in Höhe des 6. Thorakalsegmentes (Th$_6$)

1. Fissura mediana
2. Funiculus anterior
3. Cornu anterius
4. Sulcus lateralis anterior
5. Radix ventralis nervi spinalis
6. Funiculus lateralis
7. Ligamentum denticulatum
8. Radix dorsalis nervi spinalis
9. Cornu laterale
10. Cornu posterius
11. Fasciculus dorsolateralis
12. Sulcus lateralis posterior
13. Sulcus intermedius posterior
14. Sulcus medianus et septum dorsale medianum
15. Funiculus posterior: fasciculus gracilis (a) et fasciculus cuneatus (b)
16. Canalis centralis

IX Horizontalschnitte des Rückenmarks

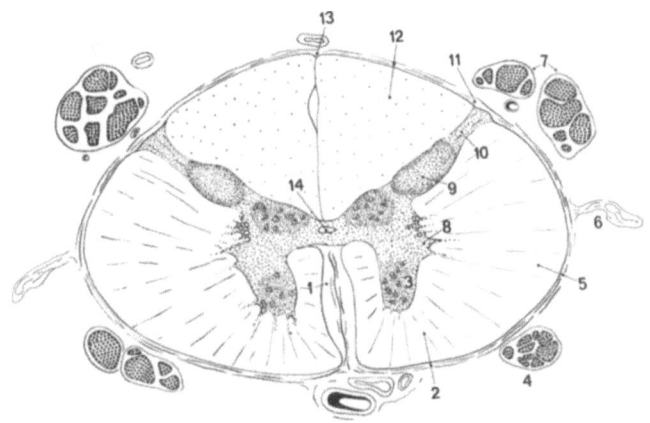

Abb. 118. Rückenmarksquerschnitt in Höhe des 12. Thorakalsegmentes (Th_{12})

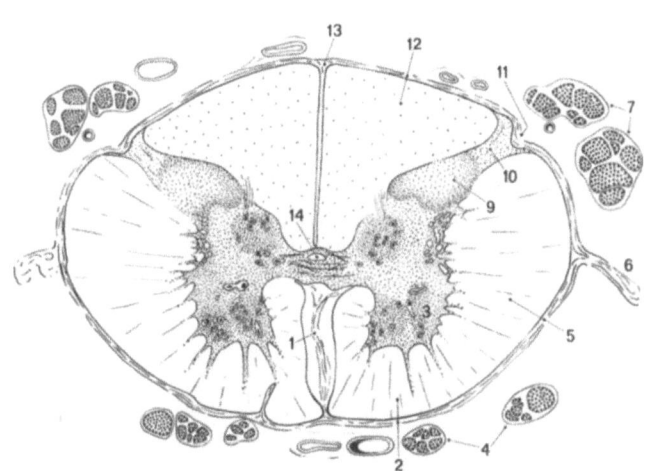

Abb. 119. Rückenmarksquerschnitt in Höhe des 2. Lumbalsegmentes (L_2)

1. Fissura mediana
2. Funiculus anterior
3. Cornu anterius
4. Radix ventralis nervi spinalis
5. Funiculus lateralis
6. Ligamentum denticulatum
7. Radix dorsalis nervi spinalis
8. Cornu laterale
9. Cornu posterius
10. Fasciculus dorsolateralis
11. Sulcus lateralis posterior
12. Funiculus posterior
13. Sulcus medianus et septum dorsale medianum
14. Canalis centralis

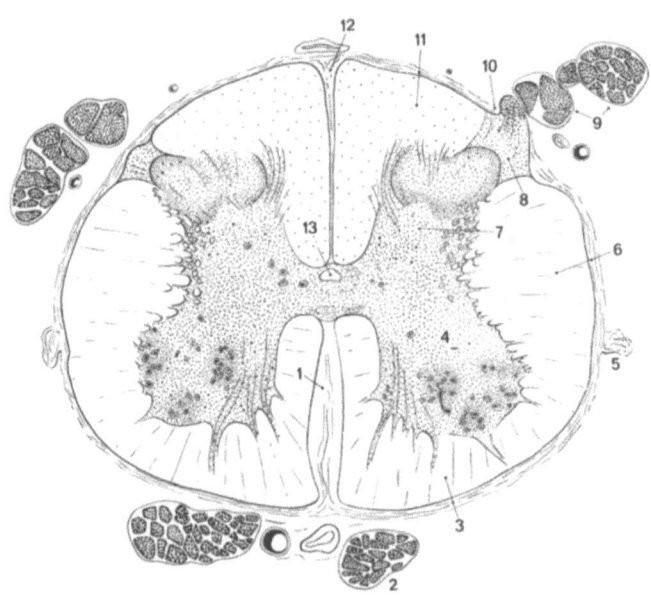

Abb. 120. Rückenmarksquerschnitt in Höhe des 5. Lumbalsegmentes (L_5)

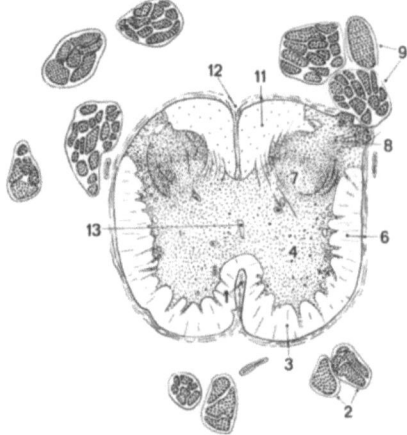

Abb. 121. Rückenmarksquerschnitt in Höhe des 2. Sakralsegmentes (S_2)

1. Fissura mediana
2. Radix ventralis nervi spinalis
3. Funiculus anterior
4. Cornu anterius
5. Ligamentum denticulatum
6. Funiculus lateralis
7. Cornu posterius
8. Fasciculus dorsolateralis
9. Radix dorsalis nervi spinalis
10. Sulcus lateralis posterior
11. Funiculus posterior
12. Sulcus medianus et septum dorsale medianum
13. Canalis centralis

Literatur

De Armond, S.J., Fusco, M.M., Dewey, M.M. (1976) Structure of the human brain. University Press, New York Oxford

Carpenter, M.B. (1976) Human neuroanatomy. Williams & Wilkins, Baltimore

Clemens, H.J. (1961) Die Venensysteme der menschlichen Wirbelsäule. de Gruyter, Berlin

Duvernoy, H.M. (1978) Human brainstem vessels. Springer, Berlin Heidelberg New York

Kahle, W. (1979) Nervensystem und Sinnesorgane. In: Kahle, W., Leonhardt, H., Platzer, W. (Hrsg.) Taschenatlas für Studium und Praxis in 3 Bänden. Band 3. 3., überarb. Aufl. Thieme, Stuttgart

Lang, J. (1981) Klinische Anatomie des Kopfes. Springer, Berlin Heidelberg New York

Lang, J. (1983) Clinical anatomy of the head. Springer, Berlin Heidelberg New York

Miller, R.A., Burack, E. (1968) Atlas of the central nervous system in Man. Williams & Wilkins, Baltimore

Moes, P. (1978) Les veines superficielles de la moelle épinière chez l'Homme. Thèse Doct. Médecine, Strasbourg

Nieuwenhuys, R., Voogd, J., van Huijzen, C. (1978) The human central nervous system. Springer, Berlin Heidelberg New York

Nieuwenhuys, R., Voogd, J., van Huijzen, C. (1980) Das Zentralnervensystem des Menschen. Springer, Berlin Heidelberg New York

Nomina Anatomica, 4. Aufl. 1977. Excerpta Medica, Amsterdam Oxford

Ranson, S.W., Clark, S.L. (1966) The anatomy of the nervous system. 10th edn. W.B. Saunders, Philadelphia London

Salamon, G., Huang, Y.P. (1976) Radiologic anatomy of the brain. Springer, Berlin Heidelberg New York

Schaltenbrand, G., Bailey, P. (1959) Introduction to stereotaxis with an atlas of the human brain. Thieme, Stuttgart

Sobotta, J. (1977) Atlas d'anatomie humaine. Tome III: Système nerveux central. Tome IV: Nomenclature anatomique française. Urban & Schwarzenberg, München Wien Baltimore

Sobotta, J. (1982) Atlas der Anatomie des Menschen in 2 Bänden. Band 1: Kopf, Hals, Obere Extremitäten. 18. Aufl., hrsg. von Ferner, H., Staubesand, J. Urban & Schwarzenberg, München Wien Baltimore

Truex, R.C., Carpenter, M.B. (1969) Human neuroanatomy. 6th edn. Williams & Wilkins, Baltimore

Villiger, E. (1917) Gehirn und Rückenmark. Engelmann, Leipzig

Wolfram-Gabel, R. (1984) La vascularisation de la toile choroïdienne du prosencéphale. Thèse Doct. Biol. Humaine, Amiens

Zuleger, S., Staubesand, J. (1976) Schnittbilder des Zentralnervensystems. Urban & Schwarzenberg, München Wien Baltimore

Register

Die Zahlen hinter den Begriffen beziehen sich auf die *Abbildungsnummern*.

adhesio interthalamica 69, 71, 89
ala lobuli centralis 23, 24
alveus hippocampi 14, 69, 73, 75, 76, 91, 93, 101
amiculum 108, 109
apertura lateralis ventriculi quarti (vgl. ventriculus quartus)
apertura mediana ventriculi quarti (vgl. ventriculus quartus)
aqueductus cerebri 2, 3, 9, 25, 77, 91, 93, 103
area postrema 20
area subcallosa 8, 10, 14, 65, 92
area triangularis 75
area vestibularis 20, 108, 109
arteria = a.
a. basilaris 31, 33, 35, 36, 37, 38, 39, 41
a. basilaris: ramus ad pontem 35, 36, 39
a. calcarina 31, 32
a. calcarina: ramus ad cuneum 30
a. calcarina: ramus occipitoparietalis 31, 32
a. calcarina: ramus parietalis 31, 32
a. carotis interna 32, 33, 35, 37, 60
a. carotis interna: ramus meningeus 60
a. centralis: ramus anterior 30
a. centralis: ramus posterior 30
a. cerebelli inferior anterior 31, 35, 36, 39
a. cerebelli inferior posterior 31, 35, 36, 37, 39
a. cerebelli superior 31, 35, 36, 37, 38
a. cerebelli superior: rami ad hemispherium 35, 36, 37, 38, 39
a. cerebelli superior: rami ad vermis 35, 36, 37, 38, 39
a. cerebri anterior 31, 32, 33, 35
a. cerebri anterior: ramus meningeus 57
a. cerebri posterior 31, 32, 33, 35, 36, 37, 38
a. cerebri posterior: ramus meningeus 57
a. choroidea anterior 33, 34, 35, 37
a. choroidea posterolateralis inferior 33, 34, 37
a. choroidea posterolateralis superior 33, 34, 37
a. choroidea posteromedialis 33, 34, 37
a. collicularis 36, 37
a. communicans anterior 31, 33, 35
a. communicans posterior 31, 32, 33, 35, 37
a. ethmoidalis posterior: ramus meningeus 60
a. fili terminalis 41
a. frontalis medialis anterior 30, 31
a. frontalis medialis media 31
a. frontalis medialis posterior 30, 31
a. gyri angularis 30
a. intercostalis 41, 42
a. lumbalis 42
a. marginalis 35, 36, 38
a. maxillaris: ramus meningeus accessorius 61
a. meningea anterior 57, 60
a. meningea media 57, 60

a. meningea media: ramus frontalis 58, 60
a. meningea media: ramus parietalis 58, 60
a. meningea media: ramus petrosus 60
a. meningea media: ramus tympanicus 60
a. meningea posterior 61
a. occipitalis: ramus meningeus 60
a. occipitotemporalis 30, 31, 32
a. orbitalis 31, 32
a. orbitofrontalis 30, 31, 32
a. paracentralis 31
a. parietalis anterior 30
a. parietalis anterior: ramus centralis 30
a. parietalis medialis inferior 31
a. parietalis medialis superior 31
a. parietalis posterior 30
a. pericallosa 31
a. pharyngea ascendens: ramus meningeus 60
a. polaris frontalis 30, 31
a. polaris temporalis 30, 31, 32
a. precentralis 30
a. prefrontalis 30, 32
a. radicularis anterior 41
a. radicularis magna 41
a. radicularis posterior 42
a. spinalis anterior 35, 41
a. spinalis posterior 42
a. temporalis anterior 30
a. temporalis media 30
a. temporalis posterior 30
a. temporooccipitalis 30
a. vertebralis 31, 35, 36, 37, 39, 41, 42
a. vertebralis: ramus meningeus 57, 60
a. vertebralis: ramus spinalis anterior 35, 41
a. vertebralis: ramus spinalis posterior 42

brachium colliculi inferioris 19, 21, 91, 101
brachium colliculi superioris 15, 103
bulbus cornus posterioris 80
bulbus olfactorius 6

calcar avis 80, 82
canalis centralis 9, 110–121
capsula externa 64, 65, 69, 71, 91, 93, 103
capsula interna: crus anterius 65, 87, 91, 93
capsula interna: crus posterius 71, 87, 91
capsula interna: genu 69, 87
capsula interna: pars retrolentiformis 73, 75
capsula interna: pars sublentiformis 71, 73, 93
caput nuclei caudati (vgl. nucleus caudatus)
cauda nuclei caudati (vgl. nucleus caudatus)
cavum septi pellucidi 65, 67, 69, 87, 89
cerebellum 1, 2
chiasma opticum 9, 14, 15, 17, 21, 59, 65
circulus arteriosus cerebri 33, 35

circulus venosus cerebri 47, 49
claustrum 64, 69, 71, 87, 91, 93, 101
colliculus facialis 20
colliculus inferior 9, 16, 19, 21, 22, 104
colliculus superior 9, 15, 16, 19, 21, 103
columna fornicis (vgl. fornix)
commissura alba (medulla spinalis) 112, 113
commissura anterior 2, 9, 67, 91, 93, 101
commissura colliculorum inferiorum 104
commissura colliculorum superiorum 103
commissura fornicis (vgl. fornix)
commissura habenularum 16, 19
commissura grisea (medulla spinalis) 112, 113
commissura posterior 2, 9, 73, 89
confluens sinuum 57, 58
conus medullaris (vgl. medulla spinalis)
cornu anterius (vgl. ventriculus lateralis)
cornu inferius (vgl. ventriculus lateralis)
cornu posterius (vgl. ventriculus lateralis)
corona radiata 62, 83, 84, 85, 96
corpus amygdaloideum 67, 69, 94, 101, 102
corpus callosum 8
corpus callosum: genu 9, 62, 87, 91
corpus callosum: rostrum 9, 64
corpus callosum: splenium 9, 13, 15, 76, 87
corpus callosum: truncus 9, 64, 65, 69, 71, 73, 75
corpus fornicis (vgl. fornix)
corpus geniculatum laterale 10, 13, 15, 19, 21, 73, 91
corpus geniculatum mediale 15, 19, 21, 73, 75, 91, 103
corpus mamillare 9, 13, 14, 15, 17, 21, 69, 75
corpus nuclei caudati (vgl. nucleus caudatus)
corpus pineale 9, 13, 15, 16, 19, 75, 89, 103
corpus restiforme 19, 21, 108
corpus ventriculi lateralis (vgl. ventriculus lateralis)
crista galli 57
crus anterius capsulae internae (vgl. capsula interna)
crus cerebri 73, 93, 101
crus fornicis (vgl. fornix)
crus posterius capsulae internae (vgl. capsula interna)
culmen 22, 23, 24, 59, 78, 81, 90
cuneus 8, 83, 85, 86, 95, 96

declive 25, 82
decussatio pedunculorum cerebellarum superiorum 104
decussatio pyramidum 79, 111
diaphragma sellae 57
diencephalon 1

eminentia medialis 20, 106, 107
encephalon 1

falx cerebelli 57
falx cerebri 57, 59
fasciculus cuneatus 19, 28, 110

fasciculus dorsolateralis 112, 113, 116, 117, 120, 121
fasciculus gracilis 19, 25, 110
fasciculus longitudinalis medialis 103–109
fasciculus mamillothalamicus 69, 89, 91, 93
fibrae arcuatae externae 108, 109
fibrae arcuatae internae 110
fibrae transversae pontis 105, 106, 107
fila radicularia 28
filum terminale (vgl. medulla spinalis)
fimbria hippocampi 10, 14, 71, 73, 75, 93
fissura horizontalis 17, 22, 23, 24, 26, 77, 79, 81
fissura intrabiventeris 17, 22, 23, 24, 26, 79
fissura longitudinalis cerebri 11, 12, 62, 63, 74, 79, 82, 83, 85, 86, 90, 97
fissura mediana medullae oblongatae 17, 18, 108, 109
fissura mediana medullae spinalis 17, 108, 112, 113, 120, 121
fissura posterior superior 22, 23, 24
fissura posterolateralis 23, 24
fissura prima 17, 22, 23, 77, 79, 81
fissura secunda 17, 23, 24, 26, 79, 81
fissura transversalis cerebri: pars lateralis 71, 73, 74, 101
fissura transversalis cerebri: pars mediana 69, 71, 73, 75, 87
fissura uvulonodularis (vgl. fissura posterolateralis)
flocculus 17, 22, 23, 24, 26, 78
folium vermis 23
foramen caecum 17
foramen interventriculare 2, 3, 9
forceps major 16, 76, 78, 80, 82, 85, 87, 101
forceps minor 62, 84, 85, 87, 93
formatio reticularis mesencephali 103, 104
formatio reticularis pontis 105, 106, 107
fornix 8
fornix: commissura 9, 87, 97
fornix: columna 9, 16, 67, 69, 71, 91, 101
fornix: corpus 9, 85, 87
fornix: crus 9, 15, 73, 75
fossa cranii anterior 59
fossa cranii media 59
fossa interpeduncularis 15, 17, 25, 71, 73, 101, 103, 104
fossa lateralis cerebri 12, 65, 94, 102
fossula lateralis medullae oblongatae 17, 21
fovea inferior 20
fovea superior 20
frenulum veli medullaris superioris 19
funiculus anterior 27, 112–121
funiculus lateralis 17, 19, 21, 22, 112–121
funiculus posterior 21, 28, 112–121

ganglion spinale (vgl. nervus spinalis)
genu capsulae internae (vgl. capsula interna)
genu corporis callosi (vgl. corpus callosum)
genu nervi facialis (vgl. nervus facialis)
globus pallidus 67, 69, 71, 91

gyri breves insulae 7, 65, 68, 90, 98
gyri occipitales 11, 83, 85
gyri orbitales 6, 12, 62, 64
gyri temporales transversi 74
gyrus ambiens 10, 12, 67, 68, 102
gyrus angularis 6, 82
gyrus cinguli 8, 62, 64, 65, 68, 74, 80, 83, 85, 90
gyrus dentatus 10, 14, 69, 73, 75, 76
gyrus diagonalis 14
gyrus fasciolaris 10, 15, 76, 78, 87
gyrus frontalis inferior 62, 90, 95
gyrus frontalis inferior: pars opercularis 6, 86
gyrus frontalis inferior: pars orbitalis 6
gyrus frontalis inferior: pars triangularis 6, 88
gyrus frontalis medialis 8, 64, 65, 68, 83, 85, 90, 95
gyrus frontalis medius 6, 11, 63, 64, 65, 68, 83, 85, 95
gyrus frontalis superior 6, 11, 62, 64, 65, 68, 83, 85, 95
gyrus intralimbicus 10
gyrus longus insulae 7, 68, 86, 90
gyrus occipitotemporalis lateralis 8, 10, 12, 64, 65, 68, 74, 80, 90
gyrus occipitotemporalis medialis 10, 90
gyrus parahippocampalis 8, 10, 12, 14, 16, 64, 65, 68, 74, 80, 90
gyrus paraterminalis 8, 10, 14, 64
gyrus postcentralis 6, 8, 11, 74, 80, 83, 85, 95
gyrus precentralis 6, 11, 64, 65, 68, 74, 83, 85, 95
gyrus rectus 8, 10, 12, 62, 64, 65
gyrus supramarginalis 6, 74, 80, 95
gyrus temporalis inferior 6, 12, 64, 65, 68, 74, 80, 90
gyrus temporalis medius 6, 12, 64, 65, 68, 74, 80, 85, 90
gyrus temporalis superior 6, 8, 10, 64, 65, 68, 74, 80, 85, 90

habenula 9, 16, 19, 69, 71, 73
hemispherium cerebelli 6, 8, 12, 74
hemispherium cerebri 1
hippocampus 76
hypothalamus 9, 67, 69, 73, 91, 93, 94

incisura preoccipitalis 2, 5, 6
incisura tentorii 57, 59
infundibulum 9, 13, 14, 15, 17, 21, 59
insula 7, 69, 71, 87, 91
intumescentia cervicalis (vgl. medulla spinalis)
intumescentia lumbalis (vgl. medulla spinalis)
isthmus gyri cinguli 8, 78, 85, 86, 97

lamina medullaris lateralis (vgl. nucleus lentiformis)
lamina medullaris medialis (vgl. nucleus lentiformis)
lamina tecti 9, 22
lamina terminalis 9, 59, 65, 93, 101
lemniscus lateralis 103, 104, 105, 106
lemniscus medialis 103–110

ligamentum denticulatum 112–121
limbus giacomini 10
limen insulae 7, 14
lingula cerebelli 16, 19, 23, 24, 79, 106
lobulus biventer 17, 22, 23, 24, 25, 26, 77, 79
lobulus centralis 16, 24, 25, 59, 79, 81
lobulus paracentralis 8, 11, 74, 76
lobulus parietalis inferior 11, 76, 80, 83, 95
lobulus parietalis superior 6, 11
lobulus quadrangularis 17, 22, 23, 24, 25, 77, 79, 81, 82
lobulus semilunaris inferior 17, 22, 23, 24, 25, 26, 77, 79, 82
lobulus semilunaris superior 17, 22, 23, 24, 25, 26, 77, 79, 82
lobulus simplex 17, 22, 24, 25, 77, 79, 81, 82
lobus frontalis 2, 5
lobus limbicus 5
lobus occipitalis 2, 5
lobus parietalis 2, 5
lobus temporalis 2, 5
locus coeruleus 20

medulla oblongata 1, 2, 12
medulla spinalis 1, 4, 27, 28
medulla spinalis: conus medullaris 4
medulla spinalis: filum terminale 4
medulla spinalis: intumescentia cervicalis 4
medulla spinalis: intumescentia lumbalis 4
medulla spinalis: pars thoracica 4
mesencephalon 1
metencephalon 1
myelencephalon 1

nervus = n.
n. abducens 8, 21, 22, 26, 107
n. accessorius 21
n. accessorius: radices craniales 17, 18
n. accessorius: radices spinales 18, 21, 28, 112
n. facialis 17, 18, 21, 22, 26, 74, 107
n. facialis: genu 107
n. glossopharyngeus 17, 18, 21, 108
n. hypoglossus 21, 74, 108, 109
n. intermedius 18, 21
n. oculomotorius 9, 14, 15, 17, 21, 22, 59, 103
n. opticus 9, 15, 17, 21, 59
n. spinalis 27
n. spinalis: ganglion spinale 27, 28
n. spinalis: radix dorsalis 28, 112, 113, 116, 117, 118, 119
n. spinalis: radix ventralis 27, 112–121
n. trigeminus 17, 22, 26, 106
n. trigeminus: radix motoria 14, 18, 21
n. trigeminus: radix sensoria 14, 18, 21
n. trochlearis 14, 17, 19, 59, 105
n. vagus 17, 18, 21
n. vestibulocochlearis 17, 18, 21, 22, 26, 74, 108
nodulus 23, 24, 26, 79, 81, 107
nuclei anteriores thalami (vgl. thalamus)
nuclei arcuati 110

nuclei corporis mamillaris 93, 101
nuclei habenulae 89
nuclei laterales thalami (vgl. thalamus)
nuclei pontis 105, 106, 107
nuclei vestibulares 107, 108, 109
nucleus ambiguus 108, 109
nucleus caudatus: caput 64, 87, 91, 97, 101
nucleus caudatus: cauda 69, 71, 73, 75, 76, 87, 93, 97, 101
nucleus caudatus: corpus 16, 69, 71, 73, 75
nucleus centralis thalami (vgl. thalamus)
nucleus cochlearis dorsalis 108
nucleus colliculi inferioris 77, 91, 104
nucleus colliculi superioris 103
nucleus corporis trapezoidei 107
nucleus cuneatus 110
nucleus cuneatus accessorius 110
nucleus dentatus 81, 82, 102, 107
nucleus dorsalis nervi vagi 109
nucleus dorsalis thalami (vgl. thalamus)
nucleus emboliformis 107
nucleus fastigii 107
nucleus globosus 107
nucleus gracilis 110
nucleus interpeduncularis 104
nucleus lemnisci lateralis 106
nucleus lentiformis: lamina medullaris lateralis 69, 71, 91
nucleus lentiformis: lamina medullaris medialis 69, 71, 91
nucleus medialis thalami (vgl. thalamus)
nucleus nervi hypoglossi 108, 109
nucleus nervi oculomotorii 103
nucleus nervi trochlearis 104
nucleus olivaris 77, 108, 109, 110
nucleus olivaris accessorius dorsalis 108, 109
nucleus olivaris accessorius medialis 108, 109, 110
nucleus posterior thalami (vgl. thalamus)
nucleus ruber 71, 73, 91, 103
nucleus spinalis nervi trigemini 109, 110
nucleus subthalamicus 71, 91
nucleus tractus solitarii 108, 109

obex 9
oliva 17, 21, 22, 74, 108
operculum frontale 7
operculum frontoparietale 7
operculum temporale 7

pars retrolentiformis capsulae internae (vgl. capsula interna)
pars sublentiformis capsulae internae (vgl. capsula interna)
pedunculus cerebellaris inferior 19, 21, 23, 24, 107, 108, 109, 110
pedunculus cerebellaris medius 18, 19, 21, 23, 24, 74, 77, 105, 106, 107
pedunculus cerebellaris superior 19, 21, 23, 24, 71, 73, 77, 79, 93, 103, 104, 106
pedunculus flocculi 18, 23, 24, 77

pes hippocampi 101
plexus basilaris 57, 60
plexus choroideus 17
polus frontalis 5, 6, 8, 11
polus occipitalis 5, 6, 8, 11
polus temporalis 5, 6, 8
pons 1, 2, 12, 21, 26, 59
precuneus 8, 78, 80, 83, 95
prosencephalon 1
pulvinar 10, 13, 15, 21
putamen 64, 71, 87, 91, 101
pyramis medullae oblongatae 17, 21, 22, 26, 74, 108
pyramis vermis 23, 26

radiatio optica 72, 80, 82, 85, 87
radices craniales nervi accessorii (vgl. nervus accessorius)
radices spinales nervi accessorii (vgl. nervus accessorius)
radix dorsalis nervi spinalis (vgl. nervus spinalis)
radix motoria nervi trigemini (vgl. nervus trigeminus)
radix sensoria nervi trigemini (vgl. nervus trigeminus)
radix ventralis nervi spinalis (vgl. nervus spinalis)
recessus fastigialis ventriculi quarti (vgl. ventriculus quartus)
recessus infundibuli (vgl. ventriculus tertius)
recessus lateralis ventriculi quarti (vgl. ventriculus quartus)
recessus opticus (vgl. ventriculus tertius)
recessus suprapinealis (vgl. ventriculus tertius)
rhombencephalon 1
rostrum corporis callosi (vgl. corpus callosum)

septum pellucidum 8, 9, 16, 65, 69, 71, 87, 96
sinus cavernosus 58, 61
sinus intercavernosus 57, 61
sinus occipitalis 61
sinus petrosus inferior 58, 61
sinus petrosus superior 58, 61
sinus rectus 57, 58, 59
sinus sagittalis inferior 57, 59
sinus sagittalis superior 57, 58, 59, 61
sinus sigmoideus 58, 59, 61
sinus sphenoparietalis 61
sinus transversus 57, 58, 59, 61
splenium corporis callosi (vgl. corpus callosum)
stratum subependymale 62, 64, 69, 71, 73, 75, 85, 87, 91, 93, 97
stria medullaris thalami (vgl. taenia thalami)
stria olfactoria lateralis 14, 15, 65
stria olfactoria medialis 14, 15, 65
stria terminalis 67, 69, 71, 73, 75, 76, 89
striae longitudinales 84, 85, 87
striae medullares ventriculi quarti 20
substantia grisea centralis 91, 93, 103, 105
substantia nigra 71, 73, 91, 101, 103, 104
substantia perforata anterior 12, 14, 15

substantia perforata posterior 14, 103, 104
sulci occipitales 6, 11, 83, 86
sulci orbitales 6, 12, 62
sulcus basilaris 14, 17, 105, 106, 107
sulcus calcarinus 8, 78, 82, 97
sulcus centralis 2, 3, 5, 6, 8, 11, 74, 83, 95
sulcus centralis insulae 7, 68, 78, 88, 90
sulcus cinguli 5, 8, 62, 68, 74, 83, 90, 95
sulcus circularis insulae 7, 65, 68, 86, 90, 98
sulcus collateralis 12, 14, 65, 68, 74, 78, 82, 90
sulcus corporis callosi 8, 84, 85
sulcus frontalis inferior 6, 11, 62, 83, 90, 95
sulcus frontalis superior 6, 11, 62, 68, 83, 95
sulcus hypothalamicus 9
sulcus intermedius posterior 28, 110–117
sulcus intraparietalis 6, 11, 82, 83
sulcus lateralis 2, 5, 74, 78, 90
sulcus lateralis: ramus anterior 6, 94
sulcus lateralis: ramus ascendens 6, 88, 90
sulcus lateralis pedunculi cerebri 21, 22, 25, 103, 104
sulcus medialis pedunculi cerebri 14, 103, 104
sulcus medianus (ventriculus quartus) 19, 106, 107, 108
sulcus occipitalis transversus 6, 11
sulcus occipitotemporalis 12, 65, 68, 74, 78, 82, 90
sulcus olfactorius 12, 62, 102
sulcus olivae anterior 108, 109
sulcus olivae posterior 108, 109
sulcus paraolfactorius anterior 10, 92
sulcus paraolfactorius posterior 108, 109
sulcus parietooccipitalis 5, 8, 82, 85
sulcus pontomedullaris 9, 17, 18, 21, 22
sulcus pontomesencephalicus 9, 14, 17, 21, 22
sulcus postcentralis 6, 8, 11, 78, 82, 83, 95
sulcus precentralis 6, 8, 11, 68, 83, 95
sulcus rhinalis 8, 12
sulcus subparietalis 8, 78, 80, 82
sulcus thalamostriatus 16
sulcus temporalis inferior 6, 12, 65, 68, 74, 78, 82, 90
sulcus temporalis superior 6, 65, 68, 74, 82, 90, 97
sutura coronalis 3
sutura lambdoidea 3
sutura sagittalis 3

tapetum 80, 82, 91, 97
tela choroidea vintriculi quarti (vgl. ventriculus quartus)
telencephalon 1
taenia choroidea 15, 16, 69, 71, 73, 75, 76, 85
taenia fornicis 15, 71, 73, 75, 85, 87
taenia thalami 16, 19, 69, 71, 73
taenia ventriculi quarti 20, 21, 23, 24, 77, 79, 81, 109
tentorium bulbi olfactorii 59
tentorium cerebelli 59
thalamus 69
thalamus: nuclei anteriores 71, 87, 89
thalamus: nuclei laterales 71, 73, 75, 89

thalamus: nucleus centralis 73
thalamus: nucleus dorsalis 73, 87
thalamus: nucleus medialis 71, 73, 89
thalamus: nucleus posterior 75, 87, 89, 103
tonsilla cerebelli 17, 23, 24, 26, 78, 81, 82, 107
tractus frontopontinus 103, 104, 105
tractus mesencephalicus nervi trigemini 105, 106
tractus occipitopontinus 103, 104, 105
tractus opticus 14, 15, 17, 21, 59, 67, 68, 69, 93, 103
tractus opticus: radix lateralis 15
tractus opticus: radix medialis 15
tractus pyramidalis 77, 103–111
tractus rubrospinalis 104
tractus solitarius 108, 109
tractus spinalis nervi trigemini 107–110
tractus tectospinalis 104
tractus tegmentalis centralis 103–107
tractus temporopontinus 103, 104, 105
trigonum collaterale (vgl. ventriculus lateralis)
trigonum habenulae 9, 16, 19
trigonum lemnisci 19, 21, 104
trigonum nervi hypoglossi 20, 108, 109
trigonum nervi vagi 20, 109
trigonum olfactorium 15
truncus cerebri 1
truncus corporis callosi (vgl. corpus callosum)
tuber cinereum 9, 14, 15, 17, 21, 67
tuber vermis 23
tuberculum nuclei cuneati 19, 21
tuberculum nuclei gracilis 19

uncus 10
uvula vermis 23, 24, 26, 79, 81

vallecula cerebelli 24, 26, 102
velum medullare inferius 9, 23, 79, 81, 107
velum medullare superius 9, 19, 20, 21, 23, 24, 79, 101, 105, 106, 107
velum terminale 14, 15, 71, 93, 101
vena = v.
v. basalis 46, 47, 48, 49, 53
v. cerebelli anterior 49, 52
v. cerebelli inferior 44, 50, 51, 52
v. cerebelli superior 49, 50, 51
v. cerebri anterior 44, 47, 49
v. cerebri inferior frontalis 47
v. cerebri inferior occipitotemporalis 46
v. cerebri inferior temporalis 46
v. cerebri interna 46, 47, 53
v. cerebri magna 44, 46, 47, 48, 57, 59
v. cerebri media profunda 47, 49
v. cerebri media superficialis 43, 46
v. cerebri medialis frontalis 44
v. cerebri medialis frontocingularis 44, 45
v. cerebri medialis occipitoparietalis 44, 45
v. cerebri medialis occipitotemporalis 46, 47, 53
v. cerebri medialis parietalis 45
v. cerebri superior frontalis 43, 44, 45
v. cerebri superior occipitoparietalis 43, 44, 45
v. cerebri superior parietalis 43, 45

v. cerebri superior temporalis 43, 46
v. choroidea superior 48
v. choroidea ventriculi quarti 56
v. choroidoventricularis inferior 47
v. communicans anterior 47, 49
v. communicans posterior 47
v. corporis geniculati 47
v. corporis restiformis 49, 53, 56
v. emissaria cerebelli 46, 47, 51
v. fili terminalis 55
v. fissurae horizontalis 49
v. fissurae secundae 49, 50
v. habenulae 48
v. hypothalami anterior 47, 49
v. hypothalami posterior 47
v. medullae oblongatae anterior mediana 49, 55
v. medullae oblongatae posterior mediana 53, 56
v. medullopontica 49, 55
v. mesencephali lateralis 47, 53
v. olivae anterior 49, 55
v. olivae posterior 49, 55
v. ophthalmica 58
v. pedunculi cerebellaris superioris 53
v. pedunculi cerebri 47
v. pericallosa 44
v. petrosa 49, 50, 51
v. polaris frontalis 44, 46
v. polaris occipitalis 43, 44
v. polaris temporalis 44, 46
v. pontis transversalis 49, 51
v. precentralis 50
v. radicularis anterior 55
v. radicularis magna anterior 55
v. radicularis magna posterior 56
v. radicularis posterior 56
v. recessus lateralis ventriculi quarti 49, 50
v. septi pellucidi 48, 53
v. spinalis anterior lateralis 55
v. spinalis anterior mediana 55

v. spinalis posterior lateralis 56
v. spinalis posterior mediana 56
v. striata 47, 49
v. sulci cinguli 44
v. sulci olfactorii 46, 47, 49
v. sulci pontomesencephalici anterioris 49, 51
v. thalami posterior 48, 53
v. thalami superior 48
v. tonsillae anterior 49, 50
v. tonsillae inferior 52
v. tonsillae posterior 50
v. ventriculi lateralis inferior 47
v. ventriculi lateralis posterior 53
v. vermis inferior 44, 50, 51
v. vermis superior 51
ventriculus lateralis: cornu anterius 2, 3, 65, 87, 91, 97
ventriculus lateralis: cornu inferius 2, 3, 15, 69, 71, 73, 75, 76, 93, 101
ventriculus lateralis: cornu posterius 2, 3, 78, 80, 82, 87, 97
ventriculus lateralis: pars centralis 2, 3, 69, 71, 75, 76
ventriculus lateralis: trigonum collaterale 2, 78, 85
ventriculus quartus 2, 3, 79, 81, 101, 106, 107
ventriculus quartus: apertura lateralis 18
ventriculus quartus: recessus fastigialis 2, 9
ventriculus quartus: recessus lateralis 3, 18, 20, 21, 24, 77
ventriculus quartus: tela choroidea 107
ventriculus tertius 2, 3, 16, 59, 69, 71, 73, 91, 93, 101
ventriculus tertius: recessus infundibuli 2, 9, 15, 94
ventriculus tertius: recessus opticus 2, 9, 94
ventriculus tertius: recessus suprapinealis 2, 16, 75
vermis cerebelli 8, 12, 88

Zona incerta 73

F. Müller, O. Seifert

Taschenbuch der medizinisch-klinischen Diagnostik

71., völlig neu bearbeitete Auflage
Herausgegeben von **G. A. Neuhaus**

1985. Etwa 125 Abbildungen, etwa 168 Tabellen. Etwa 880 Seiten
Gebunden DM 65,–. ISBN 3-8070-0334-7

Zunehmende Spezialisierung und die Einführung zahlreicher neuer Verfahren und Methoden gerade auf diagnostischem Gebiet haben es erforderlich gemacht, fast alle Kapitel der 71. Auflage vollständig neu zu schreiben. Hochkompetente und klinisch erfahrene Autoren konnten hierfür gewonnen werden. Der neue Müller/Seifert bringt – der fast hundertjährigen Tradition des Buches folgend – in seinen 12 Kapiteln den neuesten Stand des gesicherten diagnostischen Wissens der inneren Medizin einschließlich dem der internistischen Neurologie.
Das wesentliche Anliegen des Buches liegt in der Darstellung und Begründung der für die einzelnen Krankheiten der Organe oder Organsysteme notwendigen diagnostischen Verfahren und in der Bewertung dieser Methoden und Verfahren nach den Zuverlässigkeitskriterien: Spezifität, Präzision und Sensitivität. Hierbei wird dem Gesichtspunkt der praktischen Bewährung im Rahmen der diagnostischen Strategie: apparativer Aufwand, Zeitbedarf, Kosten der einzelnen Methoden und Verfahren sowie der Nutzen-/Risikoabwägung bei den am Patienten direkt angewandten Verfahren besondere Aufmerksamkeit gewidmet. Durch methodischen Fortschritt obsolet gewordene Methoden und Verfahren werden als solche ausdrücklich erwähnt und charakterisiert.

J. F. Bergmann
Verlag
München

If you have any concerns about our products,
you can contact us on
ProductSafety@springernature.com

In case Publisher is established outside the EU,
the EU authorized representative is:
**Springer Nature Customer Service Center GmbH
Europaplatz 3, 69115 Heidelberg, Germany**

Printed by Libri Plureos GmbH
in Hamburg, Germany